Thomas A. Runkler

Information Mining

Thomas A. Runkler

Information Mining

Methoden, Algorithmen
und Anwendungen
intelligenter Datenanalyse

Die Deutsche Bibliothek – CIP-Einheitsaufnahme
Ein Titeldatensatz für diese Publikation ist bei
Der Deutschen Bibliothek erhältlich.

ISBN-13: 978-3-528-05741-1   e-ISBN-13: 978-3-322-89158-7
DOI: 10.1007/978-3-322-89158-7

Vorwort

Die Information in der Welt verdoppelt sich etwa alle 20 Monate. Zu den wichtigsten Datenquellen gehören industrielle Prozessleitsysteme und betriebswirtschaftliche Datenbanken, die meist rein numerische Daten enthalten. Durch die wachsende Verbreitung automatischer Bilderfassungssysteme stehen über diese numerischen Daten hinaus umfangreiche Bild–, Video– und Multimediadaten zur Verfügung. Durch die zunehmende Nutzung von E–Mail und Internet spielen nicht zuletzt auch Textdaten eine immer größere Rolle.

Neben der Erfassung und Speicherung stellen die Aufbereitung und Verarbeitung dieser Daten heute die größten Herausforderungen dar. Ziel ist es, aus den großen Datenmengen die relevanten Informationen, also das „Wissen" zu extrahieren. Neben konventionellen statistischen Verfahren wie Korrelation und Regression werden hierzu Methoden der Clusteranalyse, Fuzzy–Logik, Neuroinformatik und Machine Learning angewandt. Für die Verarbeitung nichtnumerischer Daten sind relationale und merkmalsorientierte Algorithmen notwendig. Diese Datenanalysemethoden für numerische und nichtnumerische Daten werden unter dem Sammelbegriff „Information Mining" zusammengefasst. Information Mining ist ein Prozess, der auch die Datenvorverarbeitung, Filterung, Visualisierung, Transformation und Merkmalsgenerierung umfasst.

Dieses Buch stellt die wichtigsten Methoden des Information–Mining–Prozesses vor und zeigt ihre Anwendung in zahlreichen realen Anwendungen. Die Gliederung orientiert sich am typischen schrittweisen Ablauf von Datenanalyse–Projekten. Für Leser, die besonders an Grundlagen, Anwendungen oder den Spezialthemen kontinuierliche Signale, Datenbanken, Internet, Visualisierung, Klassifikation, Modellierung, Fuzzy–Logik oder Neuroinformatik interessiert sind, sind auf Seite 4 die besonders empfehlenswerten Abschnitte tabellarisch dargestellt. Eine Sammlung von Übungsaufgaben soll es dem Leser ermöglichen, seine mit diesem Buch erworbenen Kenntnisse selbst zu überprüfen.

Das vorliegende Buch richtet sich an Ingenieure, Informatiker und Mathematiker in Forschung und Lehre, an Studenten dieser Fachgebiete, aber auch an Praktiker, die mit großen Datenmengen arbeiten. Zum Verständnis werden lediglich grundlegende Mathematik–Kenntnisse vorausgesetzt.

Der Stoff dieses Buches basiert auf Vorlesungen über Datenanalyse und Clustering, die ich an der Technischen Universität München gehalten habe. Es enthält Ergebnisse meiner Arbeit aus Forschungs– und Entwicklungsprojekten im Fachzentrum Neuroinformatik, Abteilung Information und Kommunikation der Zentralabteilung Technik der Siemens AG in München sowie meiner Arbeit als Associate Scientist im „Image Analysis and Robotics Research Laboratory", Department of Computer Science, University of West Florida, Pensacola (U.S.A.).

Mein Dank gilt Herrn Prof. Dr. Dr. h.c. Wilfried Brauer und Herrn Dipl.-Inform. Clemens Kirchmair für die Unterstützung bei der Planung und Realisierung der Vorlesungen. Für die gute fachliche Zusammenarbeit in den Projekten danke ich Herrn Prof. Dr. James C. Bezdek sowie meinen Kollegen, insbesondere Herrn Prof. Dr. Hans Hellendoorn, Herrn Prof. Dr. Bernd Schürmann, Frau Dr. Margit Sturm, Frau Dr. Christiane Stutz, Herrn Dr. Björn Feldkeller, Herrn Dr. Erwin Gerstorfer, Herrn Dr. Jürgen Hollatz, Herrn Dr. Rainer Palm, Herrn Dr. Martin Schlang und Herrn Dr. Willfried Wienholt. Außerdem danke ich den Herausgebern der Reihe, Herrn Prof. Dr. Wolfgang Bibel und Herrn Prof. Dr. Rudolf Kruse, sowie dem Vieweg–Verlag, insbesondere Herrn Dr. Reinald Klockenbusch, für die gute Zusammenarbeit bei der Konzipierung und Veröffentlichung dieses Buches.

München, im Februar 2000   Thomas Runkler

Inhaltsverzeichnis

Kapitel 1

Der Datenanalyse–Prozess

Der Fokus dieses Buches ist die Analyse großer Datenmengen. Typische Beispiele für *Quellen* solcher Datenmengen sind

- industrielle Prozessdaten: Zur Analyse der Altpapieraufbereitung in der Papierfabrik Kübler und Niethammer in Kriebstein stehen an jeder der 8 Deinkingzellen jeweils 54 Sensoren zur Verfügung, die pro Tag 9000 Messwerte liefern. Das sind insgesamt 3888000 Messwerte pro Tag.

- Umsatzdatenbanken: Das amerikanische Handelsunternehmen WalMart führt eine Scannerkassen–Warenkorbanalyse durch, bei der etwa 20 Millionen Transaktionen pro Tag ausgewertet werden. Für die Analyse wurde eine Datenbank in der Größe von 24 TBytes erstellt.

- Molekularbiologie: Im *Human Genome Database Project* wird versucht, den genetischen Code des Menschen zu entschlüsseln. Das menschliche Genom enthält etwa 60000–80000 Gene, das sind insgesamt etwa 3 Milliarden DNA–Basen.

- Bilder: Das *Earth Observing System* der NASA nimmt mit tieffliegenden Satelliten Oberflächenbilder der Erde auf. Die aufgenommene Datenrate beträgt 50 GBytes pro Stunde.

- Textinformationen: Das Internet ermöglicht die Verbreitung von Nachrichten und Mitteilungen in nie gekannter Menge und Geschwindigkeit. Die Flut an Informationen ist inzwischen kaum mehr vom Benutzer zu verarbeiten, so dass zahlreiche Index- und Suchmaschinen sowie Filterprogramme für die elektronische Post eingesetzt werden.

Das allgemeine Ziel der Datenanalyse ist, Wissen aus Daten zu extrahieren [10]. Unter Wissen verstehen wir interessante Muster, und unter interessanten Mustern schließlich solche, die allgemein gültig sind, nicht trivial, neu, nützlich und verständlich [33]. Inwieweit diese Eigenschaften auf die erkannten Muster zutreffen, muss von Anwendung zu Anwendung neu beurteilt werden, und zwar

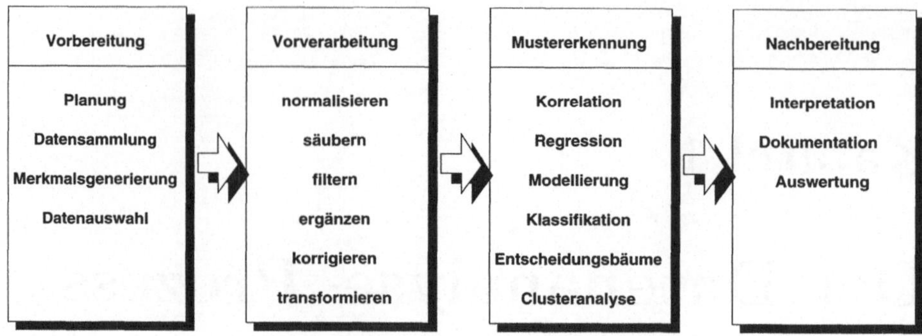

Abbildung 1.1: Ablauf der Datenanalyse

in der Regel von Anwendungsexperten. Durch die Einbeziehung der Experten
entsteht ein rückgekoppelter Prozess, der oft wiederholt durchlaufen wird, bis
ein zufriedenstellendes Ergebnis erreicht ist.

In den meisten Anwendungen stehen zunächst nur Rohdaten zur Verfügung.
Diese Rohdaten sind in der Regel ungeordnet, fehlerhaft, unvollständig, teilweise
redundant oder unwichtig. Bevor also die eigentliche Datenanalyse durchgeführt
werden kann, ist eine Vorbereitung und Vorverarbeitung der Daten notwendig.
Dieser Ablauf ist in Abbildung 1.1 dargestellt. Häufig sind zu Beginn eines
Projekts überhaupt noch keine nutzbaren Daten vorhanden, so dass zunächst
die Datensammlung geplant und durchgeführt werden muss. Zur Datenvorbe-
reitung gehört weiter, dass aus den teilweise unübersichtlichen Daten geeignete
Merkmale generiert und die überhaupt interessanten Daten ausgewählt werden.
Nach der Datenvorbereitung steht ein Rohdatensatz zur Verfügung, der in der
anschließenden Vorverarbeitung normalisiert, gesäubert, gefiltert oder transformiert wird; fehlende Einträge werden ergänzt und Fehler korrigiert. Der auf diese
Weise erhaltene vorverarbeitete Datensatz kann anschließend mit verschiedenen
Verfahren der Mustererkennung analysiert werden. Als Beispiele sind hier Ana-
lysemethoden der Korrelation, Regression, Modellierung, Klassifikation, Entscheidungsbäume und die Clusteranalyse genannt. Die Ergebnisse der Analyse
können meist nicht unmittelbar verwendet werden, sondern müssen nachberei-
tet, also interpretiert, dokumentiert und ausgewertet werden. Die in jedem Ver-
arbeitungsblock angegebenen Methoden stellen natürlich nur typische Beispiele
dar, die keinen Anspruch auf Vollständigkeit erheben. Die tatsächlich benötigten
Verarbeitungsmethoden sind von Anwendung zu Anwendung verschieden und
stark von der Datenlage abhängig. Außerdem findet der Datenanalyseprozess in
der Regel nicht streng sequenziell statt, wie in Abbildung 1.1 gezeigt, sondern
springt je nach Ergebnis der einzelnen Schritte zu früheren Schritten zurück.
Z.B. werden in der Mustererkennung häufig neue fehlerhafte Daten erkannt, die
eine erneuerte Datensäuberung notwendig machen.

Dieses Buch ist entsprechend des in Abbildung 1.1 dargestellten Ablaufs gegliedert. Datencharakteristika und Fehlerquellen, die bereits bei der Vorbereitung der Datenanalyse berücksichtigt werden müssen, sind Gegenstand von Kapitel 2. Kapitel 3 gibt eine Übersicht über zahlreiche verschiedene Methoden zur Datenvorverarbeitung. Eines der wichtigsten Werkzeuge zur Datenanalyse ist das menschliche Auge. Kapitel 4 behandelt deshalb Methoden zur Visualisierung von Daten, bevor in Kapitel 5 Methoden zur rein maschinellen Datenanalyse und Modellierung vorgestellt werden. Anwendungsbeispiele aus der Prozesstechnik, der Netzwerktechnik, der Bildverarbeitung und dem Marketing sind schließlich in Kapitel 6 aufgeführt.

Das Buch behandelt ein weites Spektrum von unterschiedlichen Themenschwerpunkten. Einige Leser interessieren sich eher für Grundlagen, andere eher für Anwendungen, wieder andere suchen Informationen über spezielle Themen wie kontinuierliche Signale, Datenbanken, Internet, Visualisierung, Klassifikation, Modellierung, Fuzzy-Logik oder Neuroinformatik. Welche Abschnitte für welche dieser Interessensprofile besonders empfehlenswert sind, zeigt Abbildung 1.2.

	Grundlagen	Anwendungen	kontinuierliche Signale	Datenbanken / Internet	Visualisierung	Klassifikation	Modellierung	Fuzzy–Logik	Neuroinformatik
2.1 Maßskalen	●			●	●	●	●	●	●
2.2 Matrixdarstellung numerischer Daten	●	●	●	●	●	●	●	●	●
2.3 Relationen	●			●	●	●	●	●	●
2.4 Relationen für Textdaten	●			●	●	●		○	○
2.5 Abtastung und Quantisierung		●	●		○				
3.1 Zufällige und systematische Fehler		●	●	●	○	○	○	○	○
3.2 Erkennung von Ausreißern		●	●	●	○	○	○	○	○
3.3 Ausreißerbehandlung		●	●	●	○	○	○	○	○
3.4 Filterung von Zeitreihen		●	●		○				
3.5 Standardisierung	●	●	●	●	●	●	●	●	●
3.6 Data Warehousing		●	○	●					
4.1 Hauptachsentransformation	●	●		●	●	●	●	●	●
4.2 Mehrdimensionale Skalierung	●	●		●	●	●	●	●	●
4.3 Selbstorganisierende Karte	●	●		●	●	●	●	○	●
4.4 Mehrschichtiges Perzeptron	●	●	●	●	●	●	●	○	●
4.5 Spektralanalyse	●	●	●		●	●	●		
5.1 Korrelation	●	●	●	●	●	○	○	●	●
5.2 Regression	●	●	●	●	●	●	●	●	●
5.3 Modellierung und Validierung	●	●	●	●	●	●	●	●	●
5.4 Klassifikation	●	●	●	●	●	●	●	●	●
5.5 Entscheidungsbäume	●	●		●	●	●	○	●	●
5.6 Clustering	●	●	●	●	●	●	●	●	●
5.7 Verteilte Agentensysteme	●			●	●	●	●	●	●
5.8 Clustering für Entscheidungsbäume	●			●	●	●	○	●	●
5.9 Regelerzeugung	●	●	●	●	●	●	●	●	●
5.10 Radiale Basisfunktionen	●	●	●	●	●	●	●	●	●
5.11 Neuronales Gas	●			●	●	●	●	●	●
5.12 Relationale Datenanalyse	●	●		●	●	●	○	●	●
6.1 Prozesstechnik		●	●		●		●	●	●
6.2 Vernetzte Systeme		●	●		●	●		●	●
6.3 Bildverarbeitung		●			●	●		●	●
6.4 Marketing		●		●	●	●		●	●

Abbildung 1.2: Empfohlene Abschnitte für verschiedene Interessensprofile (●: Kernabschnitt, ○: interessanter Abschnitt)

Kapitel 2

Datencharakteristika und Fehlerquellen

Der Datenbegriff aus dem vorhergehenden Kapitel ist sehr allgemein, Daten können jedoch sehr unterschiedliche Charakteristika haben. Z.B. können Daten numerisch oder nichtnumerisch sein, nichtnumerische Daten können Text oder allgemeine Objekte enthalten, numerische Daten können auf unterschiedlichen Skalen messbar sein, sie können Abtastwerte von Zeitsignalen sein und können quantisierte oder kontinuierliche Werte besitzen. Diese unterschiedlichen Charakteristika und ihre Konsequenzen für die Datenanalyse sind im Folgenden beschrieben.

2.1 Maßskalen

Daten können auf unterschiedlichen Skalen messbar sein [74]. Tabelle 2.1 zeigt die wichtigsten Maßskalen, die dazugehörigen definierten Operationen, Beispiele, sowie die zugehörigen statistischen Maße [47]. Die erste Zeile in Tabelle 2.1 zeigt nominal skalierte Daten. Diese sind Daten, für die lediglich die Gleichheit oder Ungleichheit definiert ist. Beispiele sind „reine" Objektdaten wie Patientennamen oder Warenhausartikel. Nominal skalierte Daten können statistisch mit dem Modus beschrieben werden, der das Objekt bezeichnet, das im Datensatz am

Skala	Operation		Beispiel	stat. Maß
nominal	$=$	$\neq$	Müller, Meier, Schulz	Modus
ordinal	$>$	$<$	sehr gut, gut, befriedigend	Median
Intervall	$+$	$-$	$20°C$, 1999 n. Chr.	Mittelwert
proportional	$\times$	$/$	$273°K$, 45 min	Mittelwert

Tabelle 2.1: Übersicht über verschiedene Maßskalen

häufigsten vorkommt. Die zweite Zeile in Tabelle 2.1 zeigt ordinal skalierte Daten. Für diese ist neben Gleichheit und Ungleichheit auch eine Ordnungsrelation > bzw. < definiert, Beispiel: Schulnoten. Ordinal skalierte Daten lassen sich statistisch mit dem Median beschreiben, der dasjenige Objekt bezeichnet, für das im Datensatz (ungefähr) ebenso viele kleinere wie größere Objekte existieren. Die dritte Zeile in Tabelle 2.1 zeigt intervallskalierte Daten. Zusätzlich zu den obigen Operationen sind für diese die Addition und die Subtraktion definiert. Beispiele sind Skalen mit willkürlich definiertem Nullpunkt wie die Celsius–Skala oder Jahreszahlen nach Christus. Für jeden intervallskalierten Datensatz kann ein (arithmetischer) Mittelwert angegeben werden. Die letzte Zeile in Tabelle 2.1 zeigt schließlich proportional skalierte Daten, für die auch Multiplikation und Division definiert sind. Proportional skalierte Datensätze können ebenso wie intervallskalierte Datensätze auch durch den (arithmetischen) Mittelwert beschrieben werden. Beispiele hierfür sind relative Messwerte wie Temperaturen in Kelvin oder Zeitdifferenzen.

2.2 Matrixdarstellung numerischer Daten

Jeder numerischer Datensatz lässt sich als Menge

$$X = \{x_1, \ldots, x_n\} \subset \mathbb{R}^p \tag{2.1}$$

schreiben. Ein solcher Datensatz enthält $n \in \{0, 1, 2, \ldots\}$ Elemente. Jedes Element ist ein p–dimensionaler reeller Vektor, wobei $p \in \{1, 2, \ldots\}$, d.h. die Elemente des Datensatzes können im Sonderfall $p = 1$ auch skalare Werte sein. Außer der Mengenschreibweise wird häufig auch die Matrixschreibweise

$$X = \begin{pmatrix} x_1^{(1)} & \cdots & x_1^{(p)} \\ \vdots & \ddots & \vdots \\ x_n^{(1)} & \cdots & x_n^{(p)} \end{pmatrix} \tag{2.2}$$

verwendet, die in Abbildung 2.1 dargestellt ist. Wegen der Äquivalenz bezeichnen wir sowohl die Datenmenge als auch die Datenmatrix mit dem Symbol X. Jede *Zeile* in der Datenmatrix entspricht einem *Element* der Datenmenge und wird daher auch als *Datenpunkt* oder *Datenvektor* x_k bezeichnet, $k = 1, \ldots, n$. Jede *Spalte* in der Datenmatrix entspricht einer *Komponente* aller Elemente der Datenmenge und wird daher auch als i-tes *Merkmal* oder i-te *Komponente* $x^{(i)}$ bezeichnet, $i = 1, \ldots, p$. Ein einzelnes *Matrixelement* entspricht *einer* Komponente *eines* Elements der Datenmenge und wird einfach *Datum* oder *Wert* $x_k^{(i)}$ genannt, $k = 1, \ldots, n$, $i = 1, \ldots, p$.

2.3 Relationen

„Reine" Objektdaten können als Menge durch Aufzählung ihrer Elemente beschrieben werden.

$$O = \{o_1, \ldots, o_n\} \tag{2.3}$$

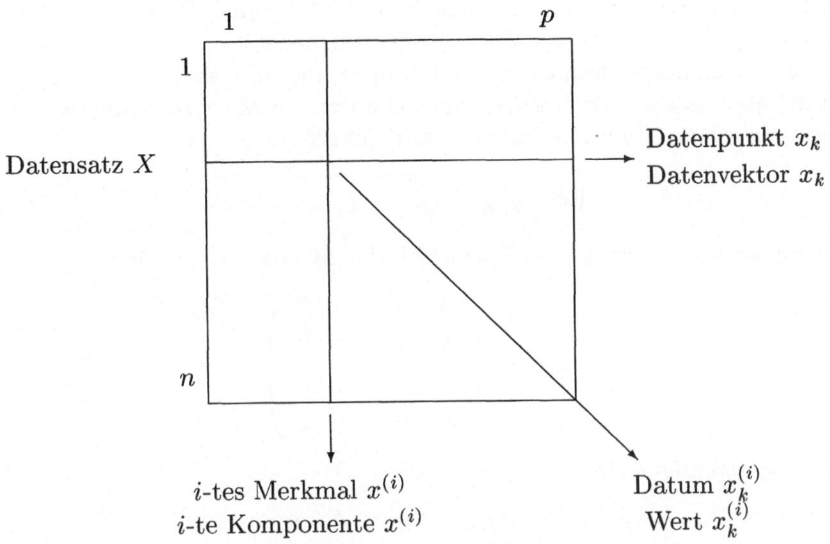

Abbildung 2.1: Matrixschreibweise eines Datensatzes

Häufig lässt sich zu Objektdaten aber auch eine sinnvolle Quantifizierung der Zusammenhänge zwischen Paaren von Objekten definieren. Die Semantik einer solchen *Relation*

$$R = \begin{pmatrix} r_{11} & \cdots & r_{1n} \\ \vdots & \ddots & \vdots \\ r_{n1} & \cdots & r_{nn} \end{pmatrix} \in \mathbb{R}^{n \times n} \qquad (2.4)$$

auf einem Objektdatensatz O ist, dass jeder numerische Eintrag r_{ij}, $i, j = 1, \ldots, n$, die Ähnlichkeit oder Unähnlichkeit, die Kompatibilität oder Inkompatibilität, die Nähe oder den Abstand der Objekte o_i und o_j beschreibt. Solche Relationen sind häufig symmetrisch, d.h. es ist $r_{ij} = r_{ji}$ für alle $i, j = 1, \ldots, n$. Im Sonderfall, dass O ein numerischer Datensatz $O \subset \mathbb{R}^p$ ist, kann die Relationsmatrix R allgemein aus einer *Norm* über $\mathbb{R}^p$ bestimmt werden.

Eine Abbildung $\|.\| : \mathbb{R}^p \to \mathbb{R}^+$ heißt Norm, genau dann, wenn

$$\|x\| = 0 \quad \Leftrightarrow \quad x = (0, \ldots, 0)^T, \qquad (2.5)$$

$$\|a \cdot x\| \quad = \quad |a| \cdot \|x\| \quad \forall a \in \mathbb{R}, x \in \mathbb{R}^p \text{ und} \qquad (2.6)$$

$$\|x + y\| \quad \leq \quad \|x\| + \|y\| \quad \forall x, y \in \mathbb{R}^p. \qquad (2.7)$$

Die häufig verwendete sogenannte „Hyperbel–Norm"

$$\|x - y\|_H = \prod_{j=1}^{p} \left| x^{(j)} - y^{(j)} \right| \qquad (2.8)$$

ist nach dieser Definition gar keine Norm, denn Bedingung (2.5) wird verletzt durch $x_1 = (0,1) \neq (0,0)$, denn $\|x_1\|_H = \|(0,1)\|_H = 0$, bzw. Bedingung (2.6) wird z.B. verletzt durch beliebige $x_2 = (x_2^{(1)}, x_2^{(2)})$ mit $x_2^{(1)} \cdot x_2^{(2)} \neq 0$, denn dann gilt $\|a \cdot x_2\|_H = |a^2| \cdot \|x_2\|_H \neq |a| \cdot \|x_2\|_H$ für beliebige $|a| \neq 1$.

Zu den häufig verwendeten Abbildungen, die im Gegensatz zur „Hyperbel–Norm" aber tatsächlich Normen sind, gehören die *Matrixnormen* und die *Minkowsky–Normen*. Eine Matrixnorm ist definiert als

$$\|x - y\|_A = \sqrt{(x-y)^T A (x-y)}. \tag{2.9}$$

Die *Euklid'sche Norm* ist ein Spezialfall der Matrixnormen für

$$A = \begin{pmatrix} 1 & 0 & \cdots & 0 \\ 0 & 1 & \cdots & 0 \\ \vdots & \vdots & \ddots & \vdots \\ 0 & 0 & \cdots & 1 \end{pmatrix}. \tag{2.10}$$

Gilt dagegen allgemein

$$A = \begin{pmatrix} d_1 & 0 & \cdots & 0 \\ 0 & d_2 & \cdots & 0 \\ \vdots & \vdots & \ddots & \vdots \\ 0 & 0 & \cdots & d_p \end{pmatrix}, \tag{2.11}$$

so sprechen wir von einer *Diagonalnorm*. Die *Mahalanobis–Norm* ist über die Inverse der Kovarianzmatrix des Datensatzes definiert

$$A = \mathrm{cov}^{-1} X = \left(\frac{1}{n} \sum_{k=1}^{n} (x_k - \bar{x})(x_k - \bar{x})^T \right)^{-1} \tag{2.12}$$

mit dem Mittelwert

$$\bar{x} = \frac{1}{n} \sum_{k=1}^{n} x_k. \tag{2.13}$$

Minkowsky–Normen sind definiert als

$$\|x - y\|_q = \sqrt[q]{\sum_{j=1}^{p} \left| x^{(j)} - y^{(j)} \right|^q}. \tag{2.14}$$

Der Euklid'sche Abstand lässt sich mit $q = 2$ auch als Minkowsky–Norm schreiben. Für $q = 1$ erhalten wir den sogenannten *Manhattan–Abstand* (oder *City Block*), und im Grenzübergang für $q \to \infty$ wird die Minkowsky–Norm zur *Sup-* oder *Max–Norm*

$$\lim_{q \to \infty} \sqrt[q]{\sum_{j=1}^{p} \left| x^{(j)} - y^{(j)} \right|^q} = \max_{j=1,\dots,p} \left\{ \left| x^{(j)} - y^{(j)} \right| \right\}. \tag{2.15}$$

2.4 Relationen für Textdaten

Nicht nur für rein numerische Daten lassen sich über Normen Relationsmatrizen definieren, sondern auch für Textdaten. Text lässt sich repräsentieren als eine Folge von Zeichen, die wir als nominalskaliert auffassen, d.h. Paare von Zeichen können entweder gleich oder ungleich sein, aber die Ordnung der Zeichen ist willkürlich (z.B. in Form einer Codierung als ASCII–Code) und hat keinen semantischen Bezug. Damit lässt sich der *Zeichenabstand* z definieren als

$$z(x,y) = \begin{cases} 0 & \text{falls } x = y \\ 1 & \text{sonst.} \end{cases} \qquad (2.16)$$

Der Inhalt eines Textes lässt sich besser erfassen, wenn der Text nicht als Folge einzelner Zeichen definiert wird, sondern als Folge von Wörtern, die im Text durch Trennzeichen wie Leerzeichen und Interpunktionen getrennt sind. Jedes Wort lässt sich als Vektor von einzelnen Zeichen schreiben, ein Wort w mit p Zeichen, $p = 1, 2, \ldots$, hat also die Repräsentation $w = (x^{(1)}, \ldots, x^{(p)})$, wobei jede Komponente $x^{(i)}$, $i = 1, \ldots, p$, jeweils genau ein Zeichen enthält. Für Paare von gleich langen Worten lässt sich der Abstand über das *Hamming–Maß H* [46] definieren:

$$H((x^{(1)}, \ldots, x^{(p)}), (y^{(1)}, \ldots, y^{(p)})) = \sum_{i=1}^{p} z(x^{(i)}, y^{(i)}). \qquad (2.17)$$

Die Wörter, aus denen sich ein Text zusammensetzt, sind jedoch in der Regel ungleich lang. Abstände zwischen ungleich langen Wörtern können prinzipiell dadurch gewonnen werden, dass das kürzere der beiden Wörter durch Leerzeichen aufgefüllt wird, bis beide Wörter die gleiche Länge besitzen. Für die so konstruierten Wörter lässt sich dann der Hamming–Abstand nach (2.17) berechnen. Diese Methode hat jedoch den Nachteil, dass Übereinstimmungen in Wortteilen, die in den beiden Wörtern an unterschiedlichen Positionen stehen, nicht berücksichtigt werden. Z.B. berechnet sich der Hamming–Abstand zwischen den Wörtern „Abstand" und „Stand␣␣" zu H(„Abstand", „Stand␣␣") = 7, denn beim positionsweisen Vergleich sind alle Zeichenpaare ungleich. Abhilfe verschafft hier der *Levenshtein–Abstand* [80], der die minimalen Abstände aller Wortteile berücksichtigt. Der Levenshtein–Abstand L ist rekursiv definiert als

$$L((x^{(1)}, \ldots, x^{(p)}), (y^{(1)}, \ldots, y^{(q)})) =$$
$$\begin{cases} p & q = 0 \\ q & p = 0 \\ \min\{L((x^{(1)}, \ldots, x^{(p-1)}), (y^{(1)}, \ldots, y^{(q)})) \;+1, & \\ \quad L((x^{(1)}, \ldots, x^{(p)}), \;(y^{(1)}, \ldots, y^{(q-1)}))+1, & \text{sonst.} \\ \quad L((x^{(1)}, \ldots, x^{(p-1)}), (y^{(1)}, \ldots, y^{(q-1)}))+z(x^{(p)}, y^{(q)})\} & \end{cases} \qquad (2.18)$$

Die Teilabstände $L((x^{(1)}, \ldots, x^{(i)}), (y^{(1)}, \ldots, y^{(j)}))$, $i = 1, \ldots, p$, $j = 1, \ldots, q$, können kurz als L_{ij} geschrieben und als Elemente der Levenshtein–Abstandsmatrix interpretiert werden. Zur Berechnung des Levenshtein–Abstands L_{pq}

```
for i = 1, ..., p
    L_{i0} = i
for j = 1, ..., q
    L_{0j} = j

for i = 1, ..., p
    for j = 1, ..., q
        L_{ij} = min{ L_{(i-1)j}    +1,
                      L_{i(j-1)}    +1,
                      L_{(i-1)(j-1)}+z(x^{(i)},y^{(j)})}
```

Abbildung 2.2: Iterative Berechnung des Levenshtein–Abstands $L_{pq} = L((x^{(1)},\dots,x^{(p)}),(y^{(1)},\dots,y^{(q)}))$

z^*	a	b	c	d	e	$\cdots$	z
a	0	1	1	1	0.5	$\cdots$	1
b	1	0	1	0.9	1	$\cdots$	1
$\vdots$	$\vdots$	$\vdots$	$\vdots$	$\vdots$	$\vdots$	$\ddots$	$\vdots$
z	1	1	0.2	0.9	1	$\cdots$	0

Abbildung 2.3: Wertetabelle zur Definition des Abstandsmaßes z^*, das den Klang der Zeichen berücksichtigt (Ausschnitt)

müssen alle anderen Teilabstände L_{ij}, $i = 0,\dots,p$, $j = 0,\dots,q$, $(i,j) \neq (p,q)$, bestimmt werden. Für die praktische Implementierung erweist sich die rekursive Formulierung nach (2.18) als ineffizient, denn diese berechnet zahlreiche Teilabstände L_{ij} mehrfach. Bei der iterativen Berechnung nach Abbildung 2.2 werden die einzelnen Teilabstände L_{ij} jeweils nur einmal berechnet. Dazu werden zunächst die Abstände der Leerwörter als $L_{i0} = i$, $i = 1,\dots,p$, und $L_{0j} = j$, $j = 1,\dots,q$, initialisiert und anschließend schrittweise die jeweils aus den bereits bekannten Abständen berechenbaren Abstände ermittelt. Dazu kann die Wortlänge des ersten Wortes in einer inneren Schleife und die Wortlänge des zweiten Wortes in einer äußeren Schleife schrittweise erhöht werden.

Die obige Definition des Levenshtein–Abstands basiert auf dem Zeichenabstand z (2.16), der bestimmt, ob zwei Symbole gleich sind oder nicht. Daher berücksichtigt der Levenshtein–Abstand nur exakt übereinstimmende Wortteile, nicht aber ähnlich klingende wie z.B. in „Aufwand", „Aufwände" und „aufwendig". Abbildung 2.3 zeigt den Ausschnitt einer Wertetabelle für ein Abstandsmaß z^*, das auch den Klang der Zeichen berücksichtigt und für ungleiche, aber ähnlich klingende Zeichen wie „c" und „z" geringere Abstände als 1 liefert. Entsprechende Abstandsmaße für Wörter können dadurch definiert werden, dass der Zeichenabstand z in den Definitionen des Hamming–Abstands (2.17) bzw. des Levenshtein–Abstands (2.18) durch z^* nach Abbildung 2.3 ersetzt wird.

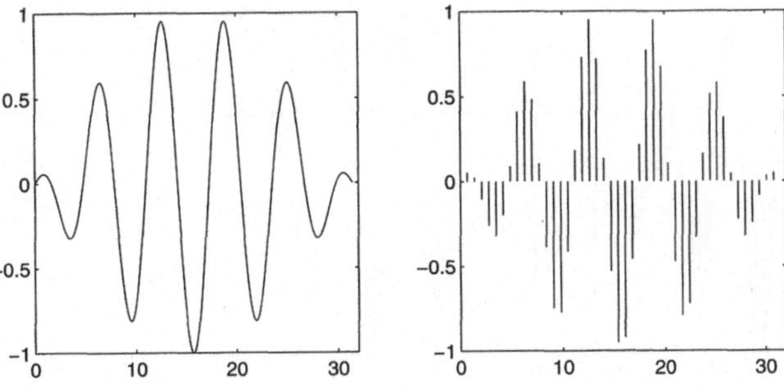

Abbildung 2.4: Originalsignal $x(t)$ und abgetastete Zeitreihe x_k

Die Idee der Abstandstabellen für einzelne Zeichen wie in Abbildung 2.3 lässt sich auch auf Abstände zwischen ganzen Wörter ausdehnen. Es ist jedoch aus Gründen des Speicherplatzes praktisch unmöglich, die Abstände *aller möglichen* Wortpaare in einer Tabelle zu speichern, selbst wenn die Länge (Anzahl der Zeichen) der möglichen Wörter begrenzt ist. Es lässt sich jedoch für einige synonyme Wörter eine Liste von spezifischen Abständen erstellen. Bei der Berechnung des Wortabstands wird dann zunächst geprüft, ob beide Wörter in der Liste der Synonyme enthalten sind und in diesem Fall der Abstand aus der vordefinierten Liste verwendet. Andernfalls wird der Abstand mit einem der oben definierten Levenshtein–Abstandsmaße berechnet.

2.5 Abtastung und Quantisierung

Einzelne Komponenten oder ganze Datensätze X werden häufig dadurch erzeugt, dass kontinuierliche Signale (z.B. Sensormesswerte) in festen zeitlichen Abständen abgetastet werden. Aus einem kontinuierlichen Zeitsignal $x(t)$ kann auf diese Weise die Zeitreihe x_k mit der Abtastzeit T gewonnen werden.

$$x_k = x(k \cdot T), \quad k = 1, \ldots, n. \tag{2.19}$$

Abbildung 2.4 zeigt ein Beispiel für ein solches Signal $x(t)$ und eine entsprechend abgetastete Zeitreihe x_k (vertikale Balken). Die Abtastwerte x_k enthalten nur einzelne Werte des Signals $x(t)$ zu diskreten Zeitpunkten $T, 2 \cdot T, \ldots, n \cdot T$. Der Kurvenverlauf des Signals $x(t)$ *zwischen* den Abtastzeitpunkten, also in den Zeitintervallen $t \in (l \cdot T, (l+1) \cdot T), l = 1, \ldots, n-1$, ist in x_k jedoch nicht enthalten. Die Zeitreihe x_k enthält also nur einen Teil der Information des vollständigen kontinuierlichen Signals $x(t)$. Ist das Signal $x(t)$ jedoch bandbegrenzt, d.h. gilt für das Fourier–Spektrum $|x(j2\pi f)| = 0$ für $|f| > f_{\max}$, so lässt sich eine maximale Abtastzeit $T_s = 1/(2 \cdot f_{\max})$ bzw. eine Mindestabtastrate $f_s = 2 \cdot f_{\max}$ angeben, mit der eine Zeitreihe x_k gewonnen werden kann, aus der sich das Originalsignal $x(t)$ aus x_k vollständig und fehlerfrei rekonstruieren lässt. Die Bedingung $T \leq T_s$ oder $f \geq f_s$ (mit $f = 1/T$) wird auch *Nyquist–Bedingung*

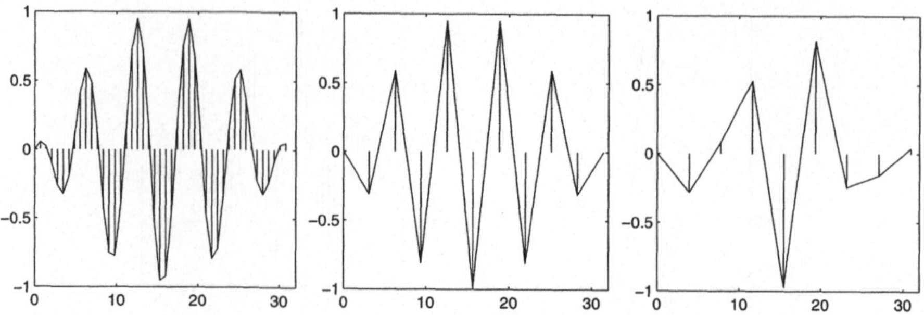

Abbildung 2.5: Abgetastete Zeitreihe und Rekonstruktion durch Polygonzüge für unterschiedliche Abtastraten

oder *Shannon's Abtasttheorem* genannt. Abbildung 2.5 zeigt drei Zeitreihen, die mit unterschiedlichen Abtastraten aus dem Originalsignal $x(t)$ in Abbildung 2.4 (links) gewonnen wurden. Für die linke Zeitreihe gilt $T < 1/(2 \cdot f_{\max})$, die Nyquist–Bedingung ist also erfüllt, und der aus der Zeitreihe entstandene Polygonzug stimmt gut mit der Kurve $x(t)$ überein. Für die mittlere Zeitreihe gilt $T = 1/(2 \cdot f_{\max})$, die Abtastrate ist also an der Grenze der Nyquist–Bedingung, und der entsprechende Polygonzug gibt die Charakteristika von $x(t)$ hinreichend gut wieder. Für die rechte Zeitreihe gilt $T > 1/(2 \cdot f_{\max})$, d.h. die Nyquist–Bedingung ist nicht erfüllt, und der entsprechende Polygonzug stimmt nur sehr schlecht mit $x(t)$ überein. Wurden also Komponenten der Datensätze durch Abtastung von kontinuierlichen Zeitsignalen gewonnen, so sollte vor der Analyse geprüft werden, ob bei der Abtastung die Nyquist–Bedingung erfüllt war. Ansonsten geben die Zeitreihen die zu analysierenden Signale nur unzureichend wieder.

Analoge Signale sind nicht nur zeitkontinuierlich, sondern auch *wertkontinuierlich*. Zur Verarbeitung in digitalen Systemen werden diese kontinuierlichen Werte transformiert und quantisiert, d.h. sie werden von einem kontinuierlichen Wertebereich $[w_{\min}, w_{\max}]$ auf einen diskreten Wertebereich $\{w_1, \ldots, w_q\}$ abgebildet, wobei $q \in \{2, 3, \ldots\}$ die Anzahl der Quantisierungsschritte ist. Der quantisierte Wert kann dann z.B. als Binärzahl mit $b = \lceil \log_2 q \rceil$ Bit dargestellt werden. Zu einem kontinuierlichen Wert $w \in [w_{\min}, w_{\max}]$ kann ein entsprechender quantisierter Wert $w_k \in \{w_1, \ldots, w_q\}$ bzw. ein Index $k \in \{1, \ldots, q\}$ durch „kaufmännisches Runden" bestimmt werden.

$$\frac{\frac{w_{k-1}+w_k}{2} - w_1}{w_q - w_1} \leq \frac{w - w_{\min}}{w_{\max} - w_{\min}} < \frac{\frac{w_k+w_{k+1}}{2} - w_1}{w_q - w_1}. \tag{2.20}$$

Diese Quantisierung führt zu einer Verfälschung der Daten im Wertebereich. Abbildung 2.6 (links) zeigt die Quantisierung $x_q(t)$ der Zeitreihe $x(t)$ aus Abbildung 2.4 (links) für $q = 11$ äquidistante Quantisierungsstufen. Die Quantisierungsstufen erscheinen als waagerechte Linien (Treppenstufen) in der Zeitreihe. Das rechte Bild in Abbildung 2.6 zeigt den Quantisierungsfehler $e(t) = x(t) -$

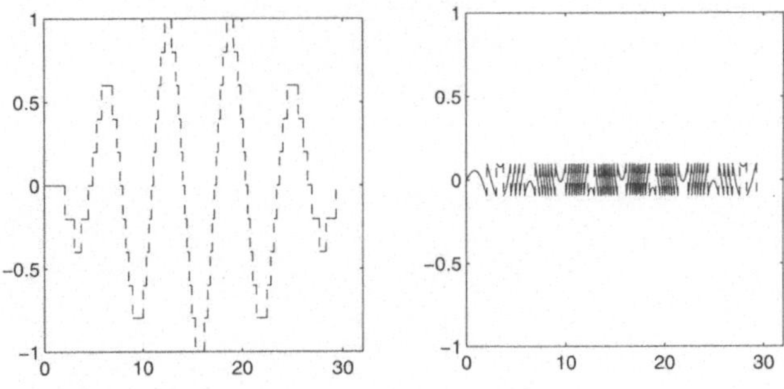

Abbildung 2.6: Quantisierte Zeitreihe und Quantisierungsfehler

$x_q(t)$. Da die Quantisierungsstufen äquidistant sind, also $w_i = w_1 + (i-1) \cdot \Delta w$, $i = 1, \ldots, q$, $\Delta w = (w_q - w_1)/(q-1)$, schwankt der Quantisierungsfehler im Intervall $e(t) \in [-\Delta w/2, \Delta w/2)$. Durch die Quantisierung entsteht also ein additiver Fehler mit dem Betrag $|e| \leq \Delta w/2$. Um den Quantisierungsfehler möglichst klein zu halten, sollten die Quantisierungsstufen möglichst fein, d.h. Δw möglichst klein bzw. q möglichst groß sein. Bei einer binären Wertedarstellung mit b Bit haben die Quantisierungsstufen den Abstand $\Delta w = 1$, und der darstellbare Zahlenbereich reicht von $w_1 = 0$ bis $w_q = 2^b - 1$. Der relative Quantisierungsfehler lässt sich dann mit $|e/(w_q - w_1)| \leq 100\%/2/(2^b - 1) \approx 100\%/2^{b+1}$ abschätzen.

Kapitel 3

Datenvorverarbeitung

Die in praktischen Anwendungen zur Verfügung stehenden Daten sind meist
Rohdaten, die oft fehlerbehaftet, verrauscht, ungünstig skaliert und verteilt gespeichert sind. Zur Datenanalyse müssen solche Rohdaten zunächst vorverar-
beitet werden, was einen nicht unerheblichen Arbeits– und Zeitaufwand innerhalb von Datenanalyseprojekten darstellt. Zu den wichtigsten Aufgaben dieser Datenvorverarbeitung gehört die Erkennung und Behandlung von Fehlern,
Ausreißern und Rauscheffekten, sowie die Aufbereitung der Daten durch Standardisierung und gegebenenfalls die Zusammenfassung aller benötigten Daten
in einer einzigen Datenmatrix. Falls die Daten als Zeitreihen vorliegen, lassen
sich Ausreißer und Rauschen durch Filtermethoden verringern. Abbildung 3.1
zeigt einige der wichtigsten Familien von Filtermethoden, die in diesem Kapitel
beschrieben werden.

3.1   Zufällige und systematische Fehler

Fehler in Daten oder Messwerten lassen sich unterteilen in *zufällige* und *systematische* Fehler. Zu den zufälligen Fehlern gehören z.B. Mess– und Über-
tragungsfehler. Diese können als *additives Rauschen* modelliert werden. Abbildung 3.2 (links) zeigt den aus Abbildung 2.4 (rechts) bekannten Datensatz
$X = \{x_1, \ldots, x_n\}$. Nehmen wir an, dass dieser Datensatz nicht fehlerfrei bestimmt wurde, sondern dass zufällige Fehler darin enthalten sind (z.B. verursacht durch die in Abschnitt 2.5 beschriebenen Quantisierungsfehler). Diese
zufälligen Fehler lassen sich als Gauß'sches Rauschen modellieren. Das mittlere Bild in Abbildung 3.2 zeigt einen Datensatz $R = \{r_1, \ldots, r_n\}$, der aus einer
Normalverteilung mit Mittelwert 0 und Standardabweichung 0.1 gewonnen wurde, einer sogenannten $N(0, 0.1)$–Verteilung. Das rechte Bild in Abbildung 3.2
zeigt die Summe des Originaldatensatzes X und des Rauschens R, die den mit
zufälligen Fehlern behafteten Datensatz repräsentiert. Zwischen den Originaldaten und den verrauschten Daten besteht qualitativ nur ein geringer Unterschied.
Methoden zur Entfernung von Rauschen aus Zeitreihen sind in Abschnitt 3.4

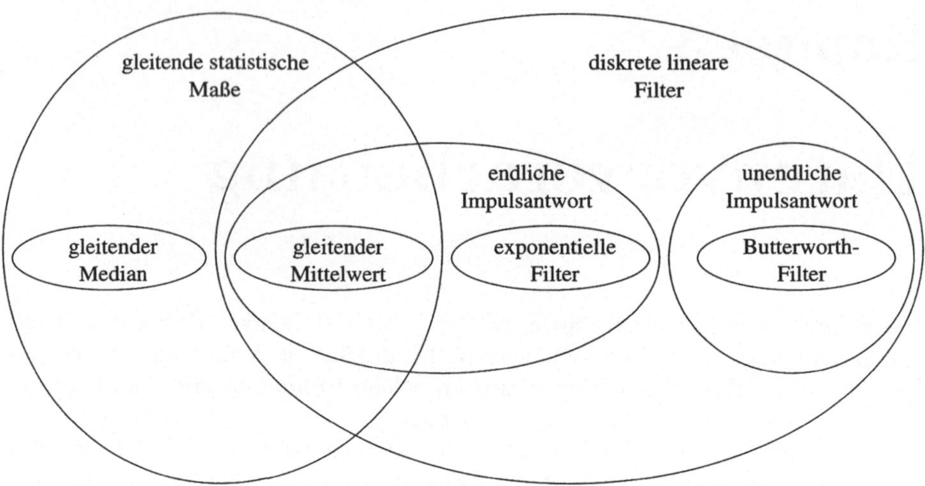

Abbildung 3.1: Einige wichtige Familien von Filtern

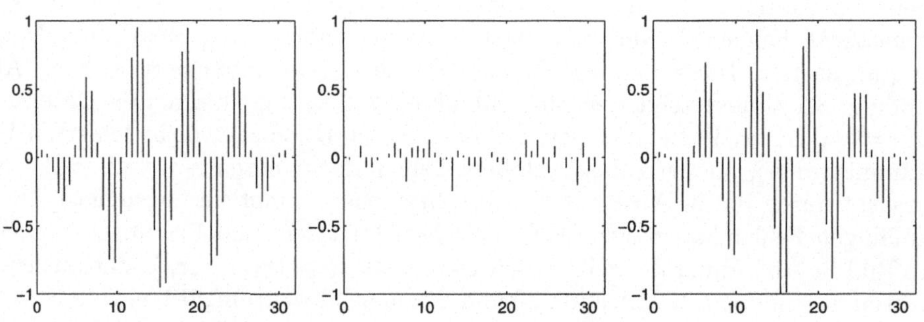

Abbildung 3.2: Originaldaten, Gauß'sches Rauschen und verrauschte Daten

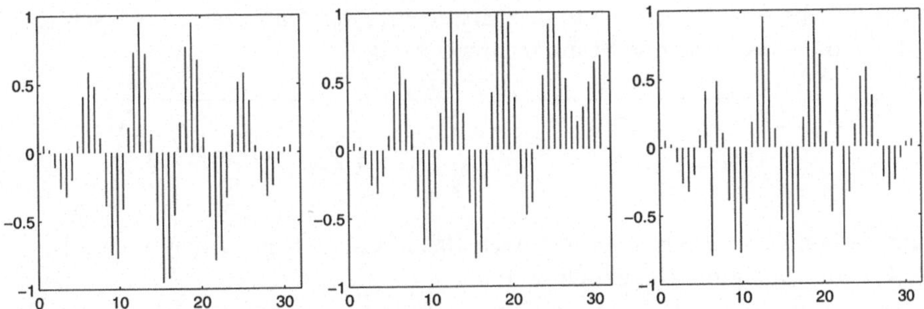

Abbildung 3.3: Originaldaten, Drift und Ausreißer

ausführlich beschrieben.

Im Unterschied zu diesen zufälligen Fehlern können systematische Fehler nicht durch additives Rauschen modelliert werden. Hierzu zählen z.B. Messfehler, die durch falsche Kalibrierung (Offsets), falsche Skalierung oder Drifteffekte verursacht werden. Außerdem können dies Verarbeitungsfehler sein, die zu falschen oder vertauschten Daten oder Datensätzen führen können. Abbildung 3.3 zeigt erneut den schon oben verwendeten Datensatz X (links), dessen Verfälschung durch einen Drifteffekt (Mitte) sowie dessen Verfälschung durch zwei einzelne Ausreißer (rechts). Im Gegensatz zu den zufälligen Fehlern aus Abbildung 3.2 führen die systematischen Fehler in Abbildung 3.3 zu einer wesentlich gravierenderen Verfälschung des Datensatzes. Die Drift der Daten im mittleren Bild führt zu einem immer größer werdenden Fehler, und die Ausreißer im rechten Bild verursachen je nach Position und Wert einen sogar noch größeren Fehler. Es ist daher sehr wichtig, vor einer Datenanalyse diese Ausreißer zu erkennen und geeignet zu behandeln.

3.2 Erkennung von Ausreißern

Ein Merkmal von Ausreißern ist, dass sie sehr stark von den übrigen Daten abweichen. Diese Abweichung kann mit statistischen Maßen erfasst werden, z.B. mit der *2–Sigma–Regel*, die einen Vektor $x_k \in X$ als Ausreißer klassifiziert, sobald mindestens eine Komponente um mehr als zwei mal die Standardabweichung („Sigma") vom Mittelwert abweicht.

$$x_k \in X \text{ ist Ausreißer} \Leftrightarrow \exists i \in \{1, \ldots, p\}. \left| \frac{x_k^{(i)} - \bar{x}^{(i)}}{s^{(i)}} \right| > 2, \qquad (3.1)$$

wobei $\bar{x}^{(i)}$ die i–te Komponente des Mittelwerts des Datensatzes X nach (2.13) und $s^{(i)}$ die entsprechende Standardabweichung ist.

$$s = \sqrt{\frac{1}{n-1}\sum_{k=1}^{n}(x_k - \bar{x})^2} = \sqrt{\frac{1}{n-1}\left(\sum_{k=1}^{n}(x_k)^2 - n(\bar{x})^2\right)} \qquad (3.2)$$

Entsprechend zur 2–Sigma–Regel nach (3.1) lässt sich natürlich auch z.B. eine 3–, 4–, oder 5–Sigma–Regel definieren.

Die automatische Erkennung von Ausreißern mit solchen statistischen Methoden sollte mit Vorsicht durchgeführt werden, denn häufig enthalten Datensätze einige korrekte, aber ungewöhnliche Daten, die jedoch wertvolle Information tragen. Solche *Exoten* sind wichtig für die folgende Datenanalyse und sollten daher keinesfalls entfernt werden. Nach den Kriterien in (3.1) sind diese allerdings nicht von fehlerhaften Daten (also echten Ausreißern) unterscheidbar.

Manchmal lassen sich (echte) Ausreißer auch dadurch erkennen, dass ihre Komponenten außerhalb des zulässigen Wertebereichs liegen. Solche Ausreißer können durch Vergleich mit den zulässigen Bereichsgrenzen $x_{\min}^{(i)}$ und $x_{\max}^{(i)}$, $i = 1,\ldots,p$, erkannt werden.

$$x_k \in X \text{ ist Fehler} \Leftrightarrow \exists i \in \{1,\ldots,p\}. \left(x_k^{(i)} < x_{\min}^{(i)}\right) \vee \left(x_k^{(i)} > x_{\max}^{(i)}\right). \qquad (3.3)$$

Die Bereichsgrenzen können z.B. gegeben sein durch das Vorzeichen (Preis, Temperatur, Zeit), den Messbereich des Aufnehmers, die Zeit der Betrachtung oder durch den Bereich physikalisch sinnvoller Werte. Darüberhinaus enthalten Datensätze in praktischen Anwendungen häufig auch konstante Merkmale

$$x_k^{(i)} = x_l^{(i)} \quad \forall k,l = 1,\ldots,n, \qquad (3.4)$$

die zwar definitionsgemäß keine Ausreißer besitzen, aber keine nutzbare Information tragen und daher entfernt werden sollten.

3.3 Ausreißerbehandlung

Ist ein Ausreißer erkannt, so gibt es verschiedene Möglichkeiten der Behandlung, die hier danach sortiert sind, wie stark sie den Datensatz verändern.

1. Markierung als Ausreißer: Der Ausreißer wird markiert und in weiteren Verarbeitungsschritten gesondert behandelt. Der Datensatz selbst bleibt dadurch unverändert. Die Markierung kann dadurch erfolgen, dass zu dem Datensatz X eine Markierungsmatrix M erzeugt wird

$$m_k^{(i)} = \begin{cases} 1 & \text{falls } x_k^{(i)} \text{ gültig} \\ 0 & \text{sonst.} \end{cases} \qquad (3.5)$$

2. Korrektur von $x_k^{(i)}$: Diejenigen Komponenten des Ausreißers werden korrigiert, die tatsächlich zu stark von den anderen Daten abweichen. Verschiedene Methoden zur Datenkorrektur sind z.B.

   (a) Ersetzung des Ausreißers durch den Maximal– oder Minimalwert.

   $$x_f^{(i)} = \begin{cases} \max\{x_k^{(i)} \mid m_k^{(i)} = 1\} & \text{falls } x_f^{(i)} \text{ zu groß,} \\ \min\{x_k^{(i)} \mid m_k^{(i)} = 1\} & \text{falls } x_f^{(i)} \text{ zu klein.} \end{cases} \qquad (3.6)$$

   (b) Ersetzung durch den globalen Mittelwert

   $$x_f^{(i)} = \frac{1}{n} \sum_{k=1}^{n} m_k^{(i)} \cdot x_k^{(i)} \qquad (3.7)$$

   (c) Ersetzung durch nächsten Nachbarn $x_f^{(i)} = x_{k^*}^{(i)}$ aus

   $$\min_{k \in \{1,\ldots,n\}} |x_f^{(1,\ldots,i-1,i+1,\ldots,p)} - x_k^{(1,\ldots,i-1,i+1,\ldots,p)}|, \qquad (3.8)$$

   wobei die Abstände zu ungültigen Daten als unendlich definiert werden.

   $$|.| = \infty, \text{ falls } \exists j \in \{1,\ldots,i-1,i+1,\ldots,p\}.\, m_k^{(j)} = 0 \qquad (3.9)$$

   (d) lineare Interpolation bei Zeitreihen mit äquidistanten Zeitschritten

   $$x_f^{(i)} = \frac{x_{f-1}^{(i)} + x_{f+1}^{(i)}}{2} \qquad (3.10)$$

   (e) lineare Interpolation bei Zeitreihen mit nicht äquidistanten Zeitschritten

   $$x_f^{(i)} = \frac{x_{f-1}^{(i)} \cdot (t_{f+1} - t_f) + x_{f+1}^{(i)} \cdot (t_f - t_{f-1})}{t_{f+1} - t_{f-1}} \qquad (3.11)$$

   (f) nichtlineare Interpolation, z.B. durch Splines [7]

   (g) Filterung (siehe Abschnitt 3.4)

   (h) Ergänzung durch Schätzung von Wahrscheinlichkeitsdichten [1, 151, 150], z.B. mit dem *EM–Algorithmus (Expectation Maximization)* [29].

   (i) modellbasierte Ergänzung, z.B. Regression (siehe Abschnitt 5.2)

3. Entfernung von $x_k^{(i)}$: Nur diejenige Komponenten des Ausreißers werden entfernt, die tatsächlich zu stark von den anderen Daten abweichen. Dieses Entfernen einzelner Komponenten kann dadurch implementiert werden, dass die fehlerhaften Komponenten mit besonders definierten Werten wie $x_f^{(i)} = $ NaN *(not a number)* belegt werden. Im 64–Bit IEEE Fließkommaformat ist NaN als \$7FFFFFFF definiert.

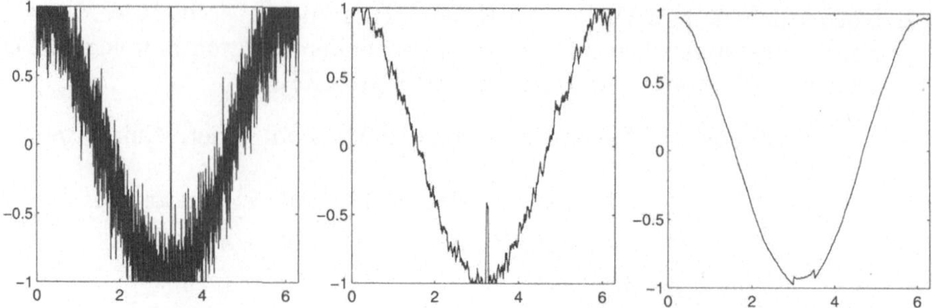

Abbildung 3.4: Original– und mit gleitendem Mittelwert gefilterte Daten

4. Entfernung von x_k: Der gesamte Ausreißer wird entfernt. Diese Methode wird häufig verwendet, hat aber in praktischen Anwendungen mit hochdimensionalen und stark gestörten Daten den Nachteil, dass der größte Teil des ursprünglichen Datensatzes entfernt wird und dadurch für die anschließende Datenanalyse zu wenig Daten zur Verfügung stehen.

3.4 Filterung von Zeitreihen

Zeitreihen enthalten häufig Rauschen und Ausreißer. Ausreißer in Datensätzen lassen sich allgemein wie in Abschnitt 3.2 beschrieben erkennen und wie in Abschnitt 3.3 beschrieben behandeln, Rauschen und Ausreißer in Zeitreihen lassen sich jedoch auch direkt mit verschiedenen Methoden herausfiltern.

Zu den einfachsten Filtermethoden gehören die gleitenden statistischen Maße. Hierbei wird für jeden Wert x_k, $k = 1, \ldots, n$, der Zeitreihe die unmittelbare Nachbarschaft dieses Werts betrachtet und ein statistisches Maß dieser Wertemenge als gefilterter Wert y_k ausgegeben. Symmetrische gleitende statistische Maße ungerader Ordnung benutzen hierzu die Nachbarschaftsmengen $N_{kq} = \{x_i \mid i = k - (q-1)/2, \ldots, k + (q-1)/2\}$, $q \in \{3, 5, 7, \ldots\}$, also außer x_k noch die $(q-1)/2$ vorhergehenden und die $(q-1)/2$ nachfolgenden Werte. Der entsprechende gleitende Mittelwert der ungeraden Ordnung q lautet daher

$$y_k = \frac{1}{q} \sum_{i=k-\frac{q-1}{2}}^{k+\frac{q-1}{2}} x_i. \tag{3.12}$$

Abbildung 3.4 zeigt eine Zeitreihe $X = \{x_1, \ldots, x_n\}$ (links), die aus einer mit Rauschen und einem starken Ausreißer versetzten Cosinusfunktion gewonnen wurde. Die beiden anderen Diagramme in Abbildung 3.4 zeigen die mit gleitendem Mittelwert gefilterten Zeitreihen $Y = \{y_{1+(q-1)/2}, \ldots, y_{n-(q-1)/2}\}$ für $q = 21$ (Mitte) und $q = 201$ (rechts). In beiden gefilterten Zeitreihen wurde das Rauschen wesentlich verringert, für die Intervalllänge 201 wurde das Rauschen sogar fast vollständig beseitigt. Die Amplitude des Ausreißers wurde von 2 auf

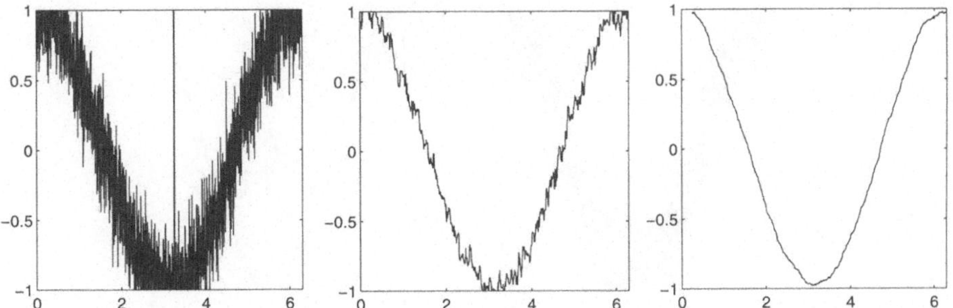

Abbildung 3.5: Original– und mit gleitendem Median gefilterte Daten

etwa 0.5 bzw. 0.1 verringert. Die beste Filterung wird mit einer hohen Intervallänge erzielt. Allerdings gehen durch die Filterung $q-1$ Datenwerte verloren. Die Intervallänge sollte also gegenüber der Anzahl der Daten vernachlässigbar sein ($q \ll n$).

Als statistisches Maß für ordinalskalierte Daten wurde in Tabelle 2.1 bereits der Median aufgeführt. Analog zum gleitenden Mittelwert der ungeraden Ordnung q lässt sich der gleitende Median der ungeraden Ordnung q definieren.

$$\|\{x_i \in N_{kq} \mid x_i < y_k\}\| = \|\{x_i \in N_{kq} \mid x_i > y_k\}\|. \tag{3.13}$$

Abbildung 3.5 zeigt die Anwendung von gleitenden Medianfiltern der Intervallänge 21 (Mitte) und 201 (rechts) auf den Datensatz x_k (links). Ein Vergleich zwischen den Abbildungen 3.4 und 3.5 zeigt, dass der gleitende Mittelwert und der gleitende Median in etwa gleicher Weise das Rauschen verringern. Der gleitende Median ist jedoch wesentlich wirkungsvoller bei der Beseitigung des Ausreißers.

Ein weiteres sehr einfaches Filterverfahren geht davon aus, dass der aktuelle Wert stets in etwa beibehalten wird, und ändert den gefilterten Wert nur um einen Bruchteil η des durch diese Annahme verursachten Fehlers.

$$y_{k+1} = y_k + \eta \cdot (x_k - y_k), \quad k = 1, \ldots, n-1, \quad \eta \in [0, 1]. \tag{3.14}$$

Jeder vergangene Wert y_{k-i}, $i = 1, \ldots, k-1$, geht nach dieser Gleichung mit dem Koeffizienten $(1-\eta)^i$ in den gefilterten Wert y_k ein. Die vergangenen Werte werden also im Laufe der Zeit exponentiell vergessen. Dieses Filter heißt daher *exponentielles Filter* oder wegen seiner Einfachheit auch *„dummer Mann"*. Wegen der rekursiven Formulierung muss der gefilterte Wert y_1 initialisiert werden. Hier verwenden wir stets die Initialisierung mit null. Abbildung 3.6 zeigt die Originaldaten X und die exponentiellen gefilterten Daten Y mit den Parametern $\eta = 0.1$, 0.01 und 0.001. Für $\eta = 0.1$ ist der Filtereffekt gering. Für kleinere Werte von η wird das Rauschen stark und der Ausreißer weniger reduziert. Für kleine Werte von η folgt die gefilterte Zeitreihe den Elongationen der Originaldaten immer weniger nach, bis im Grenzübergang $\eta \to 0$ die gefilterte Zeitreihe auf dem Initialwert beharrt ($y_k = y_1$, $k = 2, \ldots, n$).

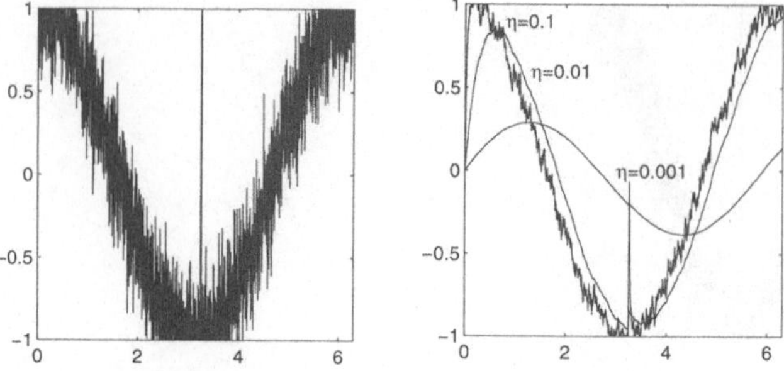

Abbildung 3.6: Original– und exponentiell gefilterte Daten

Die Familien diskreter linearer Filter der Ordnung $q = 1, 2, \ldots$ werden durch die allgemeine Differenzengleichung

$$a_0 \cdot y_k = \sum_{i=0}^{q} b_i \cdot x_{k-i} - \sum_{i=1}^{q} a_i \cdot y_{k-i} \tag{3.15}$$

mit den Koeffizienten $a_0, \ldots, a_q, b_0, \ldots, b_q \in \mathbb{R}$ beschrieben. Die Eigenschaften dieser Filter werden durch die Koeffizientenvektoren $a = (a_0, \ldots, a_q)$ und $b = (b_0, \ldots, b_q)$ festgelegt. Für $a_1 = \ldots = a_q = 0$ werden die vergangenen Werte $y_{k-i}, i = 1, \ldots, k-1$ nicht für die Berechnung des Filterausgangs y_k verwendet, d.h. das Filter hat kein Gedächtnis und gibt zu einem endlichen Impuls am Eingang auch nur einen endlichen Impuls am Ausgang aus. Nach diesem Effekt sprechen wir auch von *endlicher Impulsantwort (finite impulse response, FIR)*, ansonsten von *unendlicher Impulsantwort (infinite impulse response, IIR)*.

Diskrete lineare Filter sind sehr allgemeine Filterfamilien, die den gleitenden Mittelwert und das exponentielle Filter als spezielle Instanzen enthalten. Einsetzen der Koeffizientenverktoren $a = (1, \eta - 1)$, $b = (0, \eta)$ in (3.15) ergibt z.B.

$$y_k = \eta \cdot x_{k-1} - (\eta - 1) \cdot y_{k-1} = y_{k-1} + \eta(x_{k-1} - y_{k-1}), \tag{3.16}$$

was dem exponentiellen Filter nach (3.14) entspricht. Einsetzen der Koeffizientenvektoren $a = (1)$, $b = (\underbrace{\frac{1}{q}, \ldots, \frac{1}{q}}_{q \text{ mal}})$ in (3.15) ergibt

$$y_k = \sum_{i=0}^{q} \frac{1}{q} \cdot x_{k-i} = \frac{1}{q} \sum_{i=k}^{k-q} x_i, \tag{3.17}$$

was dem gleitenden Mittelwert nach (3.12) entspricht. Der gleitende Mittelwert zweiter Ordnung wird auch *FIR–Tiefpass erster Ordnung* genannt. Es existieren zahlreiche Verfahren zum Filterentwurf, also zur Bestimmung geeigneter Filterkoeffizienten für bestimmte gewünschte Eigenschaften. Abbildung 3.7 zeigt die

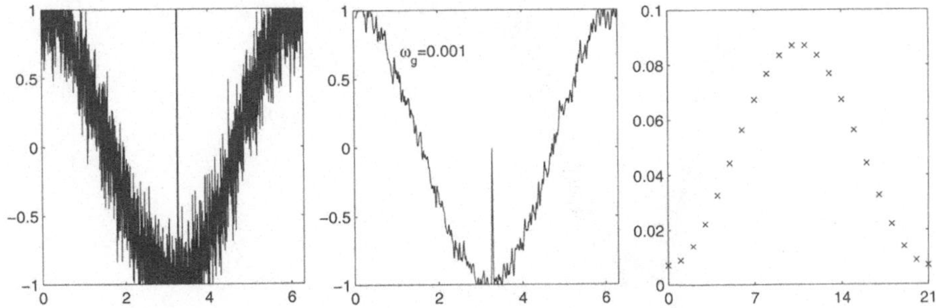

Abbildung 3.7: Originaldaten, mit FIR–Tiefpass 21. Ordnung gefilterte Daten und Filterkoeffizienten

ω_g	a_0	a_1	a_2	b_0	b_1	b_2
0.01	1	−1.96	0.957	$2.41 \cdot 10^{-4}$	$4.83 \cdot 10^{-4}$	$2.41 \cdot 10^{-4}$
0.003	1	−1.99	0.987	$2.21 \cdot 10^{-5}$	$4.41 \cdot 10^{-5}$	$2.21 \cdot 10^{-5}$
0.001	1	−2	0.996	$2.46 \cdot 10^{-6}$	$4.92 \cdot 10^{-6}$	$2.46 \cdot 10^{-6}$

Tabelle 3.1: Filterkoeffizienten für Butterworth–Tiefpässe zweiter Ordnung für unterschiedliche Grenzfrequenzen

mit einem FIR–Tiefpass 21. Ordnung gefilterte Zeitreihe X (Mitte) und die dazugehörigen Filterkoeffizienten $b_0, \ldots, b_{21}$ (rechts). Die Filterkoeffizienten b sind alle positiv und liegen auf einer symmetrischen Glockenkurve. Der größte Koeffizient ist b_{10}, also der mittlere Koeffizient, und die Summe aller Koeffizienten ist $b_0 + \ldots + b_{21} = 1$. Außerdem ist wie bei allen FIR–Filtern $a = (1)$.

Eine bekannte Familie von IIR–Filtern sind die Butterworth–Filter, für die ebenfalls eine definierte Entwurfsmethode existiert. Ein Butterworth–Tiefpass erster Ordnung mit der Grenzfrequenz $\omega_g = 0.5$ hat die Filterkoeffizienten $a = (1)$, $b = (0.5, 0.5)$, entspricht also dem FIR-Tiefpass erster Ordnung bzw. dem gleitenden Durchschnitt zweiter Ordnung. Tabelle 3.1 zeigt die Filterkoeffizienten für Butterworth–Tiefpässe zweiter Ordnung für unterschiedliche Grenzfrequenzen $\omega_g = 0.01$, 0.003 und 0.001. Die Filterkoeffizienten b sind sämtlich positiv, und es gilt $2 \cdot b_0 = b_1 = 2 \cdot b_2$. Im Grenzübergang für $\omega_g \to 0$ erhalten wir offensichtlich $a = (1, -1, 1)$ und $b = (0, 0, 0)$, also ein Filter mit

$$y_k = -y_{k-1} + y_{k-2}, \tag{3.18}$$

das mit der Initialisierung null auch bei null verharrt. Abbildung 3.8 zeigt die Butterworth–gefilterten Daten für X mit den Koeffizienten aus Tabelle 3.1. Sowohl das Rauschen als auch der Ausreißer werden schon bei großen Grenzfrequenzen stark reduziert. Für sehr kleine Grenzfrequenzen tritt jedoch der schon von den exponentiellen Filtern (Abbildung 3.6) bekannte Effekt auf, dass die gefilterte Zeitreihe dem Original immer weniger folgt und schließlich konstant null

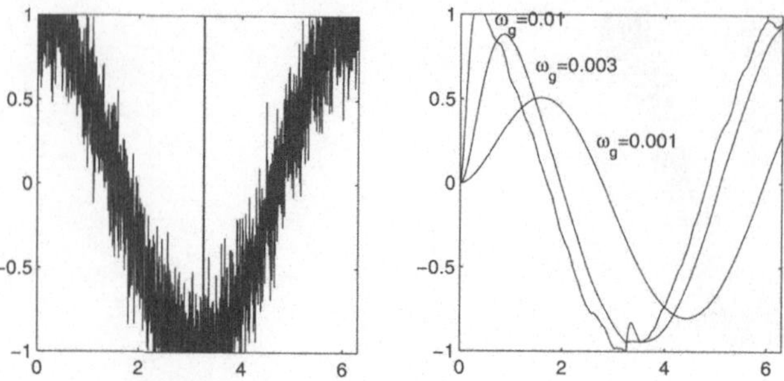

Abbildung 3.8: Original– und Butterworth–gefilterte Daten

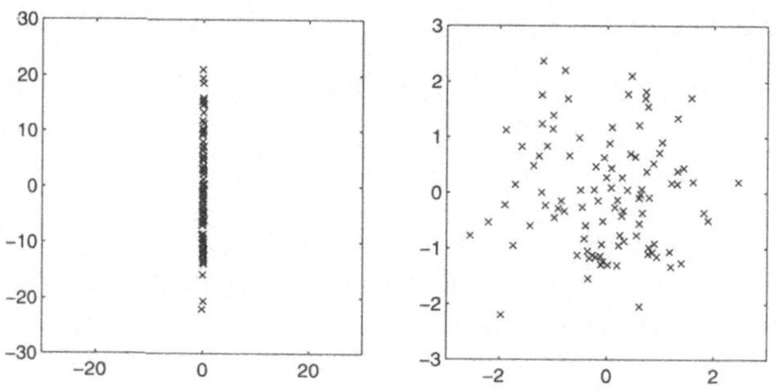

Abbildung 3.9: Datensatz mit unterschiedlichen Wertebereichen und Standardisierung

wird. Während das FIR–Tiefpassfilter aus Abbildung 3.7 insgesamt 22 Parameter besitzt, sind es bei dem IIR–Filter aus Abbildung 3.8 nur 6. Im Vergleich zur FIR–Filtern erreichen IIR–Filter den gleichen Filtereffekt mit wesentlich geringerem Rechenaufwand und wesentlich weniger Parametern.

3.5 Standardisierung

In mehrdimensionalen Datensätzen haben einzelne Komponenten häufig sehr unterschiedliche Wertebereiche. Abbildung 3.9 (links) zeigt einen Datensatz, der aus einer Normalverteilung mit dem Mittelwertvektor $\mu = (0,0)$ und dem Standardabweichungsvektor $s = (0.1, 10)$ gewonnen wurde. Der Datensatz erscheint als Punkte auf einer vertikalen Linie durch den Ursprung. Dies gibt möglicherweise die wirkliche Struktur des Datensatzes wieder. Allerdings ist es auch möglich, dass die Skalierung der einzelnen Komponenten ungünstig gewählt wurde, z.B. dadurch, dass einige Komponenten in der Einheit Zentimeter und andere in der Einheit Meter angegeben wurden. Allgemein lässt sich zu einem mehrdimensionalen Datensatz ein minimaler Hyperwürfel

$$H(X) = [\min\{X^{(1)}\}, \max\{X^{(1)}\}] \times \ldots \times [\min\{x^{(p)}\}, \max\{X^{(p)}\}] \qquad (3.19)$$

angeben, der alle Punkte aus X enthält ($X \subseteq H$). Falls in X Ausreißer oder irrelevante Daten enthalten sind, ist es günstiger, die Grenzen eines *beobachteten Hyperwürfels*

$$H^*(X) = [x_{\min}^{(1)}, x_{\max}^{(1)}] \times \ldots \times [x_{\min}^{(p)}, x_{\max}^{(p)}] \qquad (3.20)$$

an den Datensatz anzupassen, so dass $x_{\min}^{(i)} \geq \min\{X^{(i)}\}$ und $x_{\max}^{(i)} \leq \max\{X^{(i)}\}$. Eine günstige Darstellung des Datensatzes kann dadurch erreicht werden, dass alle Seiten des beobachteten Hyperwürfels $H^*(X)$ gleich lang erscheinen. Dies entspricht einer Transformation

$$y_k^{(i)} = \frac{x_k^{(i)} - x_{\min}^{(i)}}{x_{\max}^{(i)} - x_{\min}^{(i)}}, \qquad (3.21)$$

die auch *Standardisierung mit Hyperwürfel* genannt wird.

Eine alternative Methode der Standardisierung benutzt statistische Maße des Datensatzes X, beispielsweise den Mittelwert $\bar{x}$ (2.13) und die Standardabweichung s (3.2). Die entsprechende sogenannte μ–σ–*Standardisierung* erfolgt gemäß

$$y_k^{(i)} = \frac{x_k^{(i)} - \bar{x}^{(i)}}{s^{(i)}} \qquad (3.22)$$

Abbildung 3.9 (rechts) zeigt die μ–σ–Standardisierung des links dargestellten Datensatzes. Der standardisierte Datensatz erscheint nicht mehr als vertikale Line, sondern als Punktwolke. Diese gibt möglicherweise die Struktur des Datensatzes besser wieder. Dies ist jedoch stark von der Semantik der Daten abhängig.

Manchmal lässt sich der Wertebereich einer einzelnen Datenkomponente nicht sinnvoll als Intervall $[x_{\min}^{(i)}, x_{\max}^{(i)}]$ darstellen, sondern ist z.B. ein nur einseitig begrenztes Intervall $[x_{\min}^{(i)}, \infty)$. Um solche Komponenten so darzustellen, dass sie mit den anderen vergleichbar sind, können allgemeine Datentransformationen (oder Kombinationen davon) durchgeführt werden, z.B.

- reziproke Transformation $f : \mathbb{R}\backslash\{0\} \rightarrow \mathbb{R}\backslash\{0\}$

$$f(x) = f^{-1}(x) = \frac{1}{x} \qquad (3.23)$$

- Wurzeltransformationen $f : (c, \infty) \rightarrow \mathbb{R}^+$

$$f(x) \;=\; \sqrt[b]{x - c}, \qquad (3.24)$$
$$f^{-1}(x) \;=\; x^b + c, \quad c \in \mathbb{R}, b > 0 \qquad (3.25)$$

- logarithmische Transformation $f : (c, \infty) \rightarrow \mathbb{R}$

$$f(x) \;=\; \log_b(x - c), \qquad (3.26)$$
$$f^{-1}(x) \;=\; b^x + c, \quad c \in \mathbb{R}, b > 0 \qquad (3.27)$$

Marke	Daten x
⋮	⋮

$+$

Marke	Daten y
⋮	⋮

$=$

Marke	Daten x	Daten y
⋮	⋮	⋮

Abbildung 3.10: Data Warehousing: Zusammenfügen unterschiedlicher Datensätze zu einem einzigen

- Fisher–Z Transformation $f : (-1, 1) \to \mathbb{R}$

$$f(x) \quad = \quad \operatorname{artanh} x = \frac{1}{2} \cdot \ln \frac{1+x}{1-x}, \tag{3.28}$$

$$f^{-1}(x) \quad = \quad \tanh x = \frac{e^x - e^{-x}}{e^x + e^{-x}} \tag{3.29}$$

3.6   Data Warehousing

Die zu analysierten Datensätze sind oft zunächst nicht in einem einzigen Datensatz erfasst, sondern auf viele verschiedene Datensätze, Dateien, Datenbanken und Systeme verteilt. Z.B. sind die Preise verschiedener Waren vielleicht in einer anderen Datenbank gespeichert als die Umsatzzahlen, oder die Mess– und Steuergrößen einer gesamten Fabrikanlage sind über unterschiedliche Automatisierungsrechner in den einzelnen Fertigungsschritten verteilt. Um eine geschlossene Analyse dieser verteilten Daten durchführen zu können, ist es notwendig, die Vektoren in den unterschiedlichen Daten einander zuzuordnen. Diese Zuordnung kann in Form von Marken erfolgen, z.B. durch

- Codes, die eine Person oder einen Gegenstand eindeutig kennzeichnen,

- (relative) Zeitangaben, die ein Ereignis an einem bestimmten Ort spezifizieren, und besonders bei sequenziellen Prozessen eine Rolle spielen (dabei müssen auch die Verzögerungen zwischen den einzelnen Prozessschritten berücksichtigt werden), oder

- (relative) Ortsangaben, die z.B. Positionen auf einem Gegenstand angeben.

Abbildung 3.10 zeigt zwei solcher Datensätze und einen anhand der Marken zusammengefügten Datensatz. Das Zusammenfügen der Datensätze kann prinzipiell mit Hilfe einfacher Vergleichsoperationen (auf den Marken) erfolgen. Meist existieren jedoch Marken, zu denen nicht in allen Datensätzen Daten vorhanden sind, so dass Teile des zusammengefügten Datensatzes leer bleiben; in diesem

Fall muss entschieden werden, unter welchen Bedingungen ein Datum überhaupt in den Datensatz aufgenommen oder besser weggelassen werden sollte. Falls in einem Datensatz Marken mehrfach mit unterschiedlichen Daten vorkommen, muss entschieden werden, welche Daten ausgewählt werden sollen oder ob eine Mittelung der Daten sinnvoll ist. Wenn Zeit– oder Ortsangaben als Marken benutzt werden, gehören Daten mit ähnlichen Marken wie z.B. „9.59 Uhr" und „10.00 Uhr" eigentlich zusammen, so dass z.B. entschieden werden muss, bis zu welchem Abstand die Daten als zusammengehörend interpretiert werden dürfen. All diese Entscheidungen müssen individuell in Abhängigkeit von der Anwendung und den Daten getroffen werden.

Dateien, die verteilt in Datenbanken gespeichert sind, müssen zur Datenanalyse nicht notwendigerweise in eine einzige Datei zusammengefasst werden. Alternative Methoden sind in Abschnitt 6.4 dargestellt.

Kapitel 4

Datenvisualisierung

Das beste bekannte Werkzeug zur Analyse von Datensätzen ist das menschliche Auge. Bei der Datenanalyse spielt daher die Visualisierung, d.h. die grafische Darstellung der Daten, eine große Rolle [32]. Sowohl die Visualisierung als auch die (automatische) Datenanalyse kann mit linearen oder nichtlinearen Methoden erfolgen. Abbildung 4.1 gibt eine Übersicht über die in diesem und im nächsten Kapitel beschriebenen Methoden der Visualisierung und Datenanalyse.

Die einfachste Möglichkeit, Daten grafisch darzustellen, sind *Diagramme* und *Streudiagramme*. Für einen dreidimensionalen Datensatz $X = \{(x_1, y_1, z_1),$ $\ldots, (x_n, y_n, z_n)\}$ zeigt Abbildung 4.2 ein Diagramm für $X^{(1)} = \{x_1, \ldots, x_n\}$ (links), ein Streudiagramm für $X^{(1,2)} = \{(x_1, y_1), \ldots, (x_n, y_n)\}$ (Mitte) und ein dreidimensionales Streudiagramm $X^{(1,\ldots,3)} = \{(x_1, y_1, z_1), \ldots, (x_n, y_n, z_n)\}$ (rechts). Während das linke Diagramm nur die Werte der ersten Komponente zeigt, werden aus den Streudiagrammen die Zusammenhänge zwischen den ersten beiden bzw. allen drei Komponenten deutlich. Je mehr Komponenten in das Diagramm einbezogen werden, desto mehr Information wird dargestellt, allerdings kann dadurch auch die Übersichtlichkeit verringert werden. Wird bei dreidimensionalen Streudiagrammen die Beobachterposition (der Blickwinkel) falsch gewählt, so ist die Struktur der Daten in der zweidimensionalen Projektion nicht mehr erkennbar. Mehr als dreidimensionale Daten können nicht als Streudiagramme visualisiert werden, sondern nur ihre ein–, zwei– oder dreidimensionalen Projektionen. Abbildung 4.3 zeigt die (achsenparallelen) Projektionen des obigen Datensatzes auf die durch die Koordinatenachsenpaare (x, y), (x, z) und (y, z) (von links nach rechts) aufgespannten zweidimensionalen Ebenen. Diese Projektionen können einfach durch Weglassen der Komponenten z, y bzw. x erzeugt werden. Im Streudiagramm sind dann jeweils die verbleibenden beiden Komponenten dargestellt. Das mittlere Diagramm lässt die Struktur der Daten erahnen und im rechten Diagramm sind Häufungen am unteren und oberen Rand zu erkennen, die Aussagekraft dieser einfachen achsenparallelen Projektionen ist jedoch sehr beschränkt. Häufungen wie in Abbildung 4.3 (rechts) am oberen und unteren Rand lassen sich auch mit Histogramm–Methoden analysieren. Hierzu wird der Wertebereich jeder Kom-

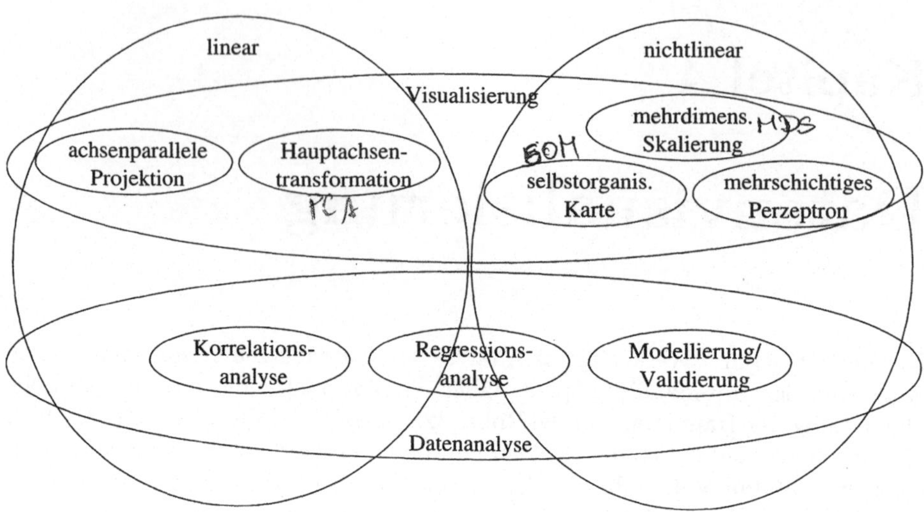

Abbildung 4.1: Lineare und nichtlineare Methoden zur Visualisierung und Datenanalyse

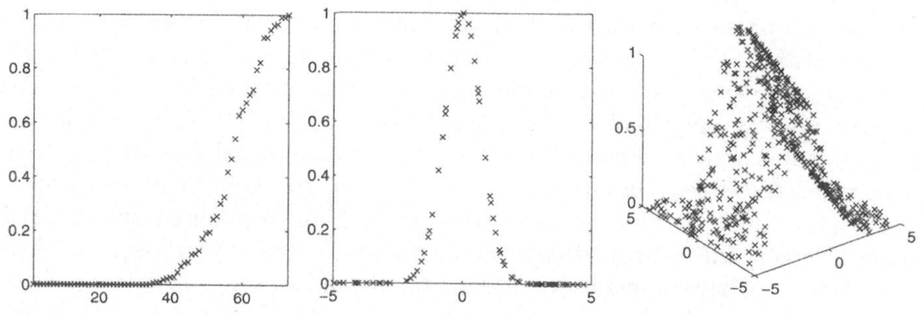

Abbildung 4.2: Diagramm, Streudiagramm und dreidimensionales Streudiagramm

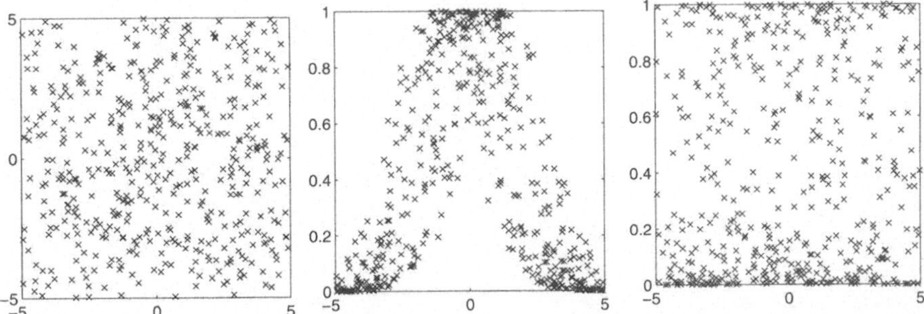

Abbildung 4.3: Zweidimensionale achsenparallele Projektionen dreidimensionaler Daten

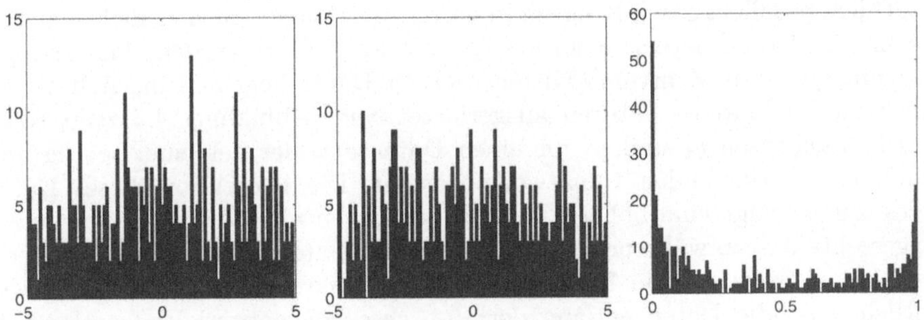

Abbildung 4.4: Histogramme der Datenkomponenten x, y und z

ponente $X^{(i)}$, $i = 1, \ldots, p$, in $m = 2, 3, \ldots$ gleich große Intervalle der Breite $\Delta x^{(i)} = (\max\{X^{(i)}\} - \min\{X^{(i)}\})/m$ aufgeteilt und gezählt, wie viele Werte aus $X^{(i)}$ in die einzelnen Intervalle fallen. Die Anzahl der Werte ist also

$$h_k(X^{(i)}, m) = \|\{\xi \in X^{(i)} \mid \xi^{(i)}_{k-1} \leq \xi < \xi^{(i)}_k\}\|, \tag{4.1}$$

mit den Intervallgrenzen $\xi^{(i)}_k = \min\{X^{(i)}\} + k \cdot \Delta x$, $k = 1, \ldots, m$. Abbildung 4.4 zeigt die Histogramme der drei Komponenten des obigen Datensatzes. Die ersten beiden Komponenten der Daten sind offensichtlich näherungsweise gleich verteilt, während die dritte Komponente sehr viele Werte nahe bei null bzw. nahe bei eins enthält. Diese Werte entsprechen den oberen und unteren Plateaus, die im dreidimensionalen Streudiagramm aus Abbildung 4.2 zu erkennen sind. Mit Histogrammen lassen sich solche Häufungen und Plateaus leicht erkennen.

4.1 Hauptachsentransformation

Achsenparallele Projektionen wie die in Abbildung 4.3 geben die Struktur der Daten nur dann erkennbar wieder, wenn die Strukturen in den Daten auch

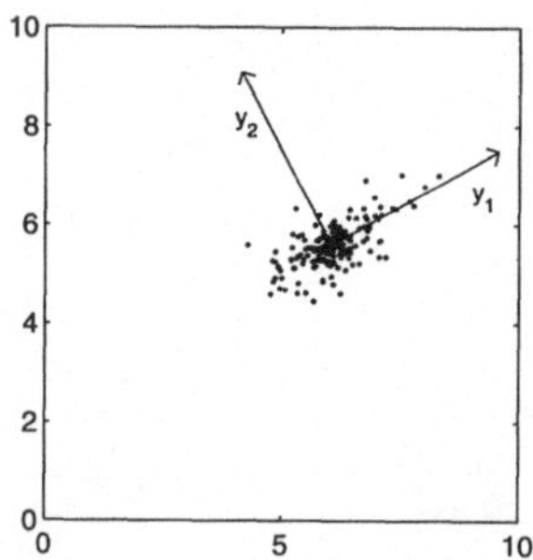

Abbildung 4.5: Hauptachsentransformation

tatsächlich parallel zu den Koordinatenachsen verlaufen. Ist dies nicht der Fall, so kann eine Koordinatentransformation so durchgeführt werden, dass der neue Ursprung genau im Zentrum (Mittelwert) der Daten liegt und die Achsen entsprechend der Datenstrukturen ausgerichtet sind. Abbildung 4.5 zeigt solche Koordinatenachsen y_1 und y_2 für einen Datensatz, der aus einer schräg nach rechts oben verlaufenden Punktwolke besteht. Die Projektion dieses Datensatzes auf y_1 zeigt eine höhere Varianz der Daten als die Projektion auf die waagerechte Achse, während die Projektion des Datensatzes auf y_2 eine geringere Varianz zeigt als die Projektion auf die senkrechte Achse. Daraus wird deutlich, dass die Daten entlang der y_2–Achse konzentriert und entlang der y_1–Achse weit verteilt sind, was die Struktur der Daten sehr gut wiedergibt. Die Vektoren y_1 und y_2 werden daher auch *Hauptachsen* des Datensatzes genannt, und die Transformation der Daten in das neue Koordinatensystem heißt *Hauptachsentransformation*. Weitere verbreitete Bezeichnungen für diese Methode sind *Hauptkomponentenanalyse, Principal Component Analysis (PCA), Singulärwertzerlegung, Singular Value Decomposition (SVD), Karhunen–Loeve Transformation* oder *Eigenvektorprojektion*. Die Hauptachsentransformation eines Datensatzes X ist eine Kombination aus einer Verschiebung (Translation) und einer Drehung (Rotation).

$$y_k = E^T \cdot (x_k - \bar{x}), \qquad (4.2)$$

wobei $\bar{x}$ (2.13) der Mittelwert von X und E^T eine geeignete Rotationsmatrix ist. Die entsprechende Rücktransformation ergibt sich zu

$$x_k = E \cdot y_k + \bar{x}. \qquad (4.3)$$

Nach obigen Überlegungen kann eine geeignete Rotationsmatrix E^T durch Maximierung der Varianz in Y gewonnen werden. Die Varianz v_y ist das Quadrat der Standardabweichung (3.2), also

$$v_y \;=\; \frac{1}{n-1} \sum_{k=1}^{n} y_k^T y_k \qquad (4.4)$$

$$= \frac{1}{n-1} \sum_{k=1}^{n} \left(E^T \cdot (x_k - \bar{x})\right)^T \cdot \left(E^T \cdot (x_k - \bar{x})\right) \tag{4.5}$$

$$= \frac{1}{n-1} \sum_{k=1}^{n} E^T \cdot (x_k - \bar{x}) \cdot (x_k - \bar{x})^T \cdot E \tag{4.6}$$

$$= E^T \left(\frac{1}{n-1} \sum_{k=1}^{n} (x_k - \bar{x}) \cdot (x_k - \bar{x})^T \right) \cdot E \tag{4.7}$$

$$= E^T \cdot C \cdot E. \tag{4.8}$$

Dabei ist C die Kovarianzmatrix von X, die schon bei der Definition des Mahalanobis–Abstands in (2.12) erwähnt wurde. Die Elemente der Kovarianzmatrix sind

$$c_{ij} = \frac{1}{n-1} \sum_{k=1}^{n} (x_k^{(i)} - \bar{x}^{(i)})(x_k^{(j)} - \bar{x}^{(j)}), \quad i,j = 1, \dots, p \tag{4.9}$$

Die Transformationsmatrix E^T soll nur eine Drehung, aber keine Streckung durchführen, also gilt

$$E^T \cdot E = 1. \tag{4.10}$$

Zur Maximierung der Varianz (4.8) unter der Randbedingung (4.10) eignet sich das Langrange–Verfahren mit der Lagrange–Funktion

$$L = E^T C E - \lambda (E^T E - 1). \tag{4.11}$$

Die notwendige Bedingung für ein Optimum von L ist

$$\frac{\partial L}{\partial E} = 0 \tag{4.12}$$

$$\Leftrightarrow \quad CE + E^T C - 2\lambda E = 0 \tag{4.13}$$

$$\Leftrightarrow \quad CE = \lambda E. \tag{4.14}$$

Gleichung (4.14) beschreibt ein Eigenwertproblem, das sich z.B. durch Umformung in das entsprechende homogene Gleichungssystem

$$(C - \lambda I) \cdot E = 0 \tag{4.15}$$

lösen lässt. Die Rotationsmatrix ergibt sich aus schließlich aus den Eigenvektoren von C.

$$E = (v_1, \dots, v_p), \quad (v_1, \dots, v_p, \lambda_1, \dots, \lambda_p) = \mathrm{eig}\, C \tag{4.16}$$

Die Varianzen in Y entsprechen den Eigenwerten $\lambda_1, \dots, \lambda_p$ von C, denn

$$CE = \lambda E \quad \Leftrightarrow \quad \lambda = E^T C E = v_y. \tag{4.17}$$

Die Hauptachsentransformation liefert also nicht nur die Koordinatenachsen für Y, mit denen die Varianz maximiert wird, sondern auch die entsprechenden

Varianzen selbst. Dies kann für eine Projektion, also eine Dimensionsreduktion genutzt werden. Wenn der Datensatz $X \subset \mathbb{R}^p$ auf einen Datensatz $Y \subset \mathbb{R}^q$ mit $1 \leq q < p$ abgebildet werden soll, so werden einfach die Koordinatenachsen (Eigenvektoren) mit den q höchsten Eigenwerten (Varianzen) verwendet und aus diesen die Rotationsmatrix E gebildet.

$$E = (v_1, \ldots, v_q) \tag{4.18}$$

Für eine Visualisierung über (Streu–)Diagramme wie in Abbildung 4.2 wird $q \in \{1, 2, 3\}$ gewählt. Die Hauptachsentransformation eignet sich allerdings auch allgemein zur Verringerung der Datendimension für nachfolgende Verarbeitungsschritte. In diesem Fall kann eine geeignete Projektionsdimension q dadurch bestimmt werden, dass gefordert wird, in der Projektion mindestens 95% (oder einen anderen prozentualen Wert) der gesamten Varianzen zu übernehmen.

$$\sum_{i=1}^{q} \lambda_i \left/ \sum_{i=1}^{p} \lambda_i \geq 95\% \right. \tag{4.19}$$

Für $p = q$ ist die Hauptachsentransformation eine Kombination aus Translation und Rotation, und die Rücktransformation macht diese Operationen wieder rückgängig. In diesem Fall ist der Fehler der Transformation gleich null. Wird jedoch zusätzlich eine Projektion durchgeführt ($q < p$), so liefert die Rücktransformation die Vektoren x'_k, $k = 1, \ldots, n$, für die im Allgemeinen $x'_k \neq x_k$ gilt. Der hierdurch verursachte Fehler lässt durch die Summe der weggelassenen Eigenwerte abschätzen.

$$e = \frac{1}{n} \sum_{k=1}^{n} (x_k - x'_k)^2 = \sum_{i=q+1}^{p} \lambda_i \tag{4.20}$$

Da gerade diejenigen Eigenvektoren ausgewählt werden, die die größten Eigenwerte besitzen, liefert diese Methode die Projektion mit minimalem quadratischen Fehler.

Beispiel

Abbildung 4.6 zeigt den Datensatz

$$X = \left\{ \begin{pmatrix} 1 \\ 1 \end{pmatrix}, \begin{pmatrix} 2 \\ 1 \end{pmatrix}, \begin{pmatrix} 2 \\ 2 \end{pmatrix}, \begin{pmatrix} 3 \\ 2 \end{pmatrix} \right\}. \tag{4.21}$$

Daraus ergeben sich der Mittelwert (2.13) und die Kovarianz (4.9)

$$\bar{x} = \frac{1}{2} \cdot \begin{pmatrix} 4 \\ 3 \end{pmatrix}, \tag{4.22}$$

$$C = \frac{1}{3} \cdot \begin{pmatrix} 2 & 1 \\ 1 & 1 \end{pmatrix}. \tag{4.23}$$

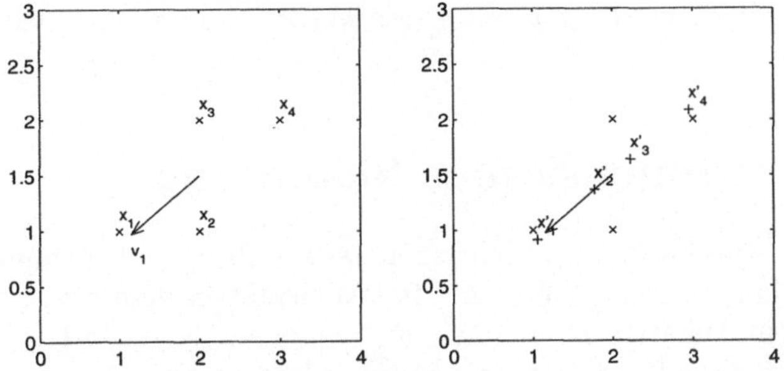

Abbildung 4.6: Hauptachsentransformation, Beispiel

und daraus die Eigenwerte und –vektoren (4.16)

$$\lambda_1 = 0.8727, \tag{4.24}$$

$$\lambda_2 = 0.1273, \tag{4.25}$$

$$v_1 = \begin{pmatrix} -0.85065 \\ 0.52573 \end{pmatrix}, \tag{4.26}$$

$$v_2 = \begin{pmatrix} -0.52573 \\ -0.85065 \end{pmatrix}. \tag{4.27}$$

Zur Projektion auf nur eine Hauptachse wird v_1, der Eigenvektor mit dem höchsten Eigenwert, ausgewählt. Dadurch werden etwa 87% (4.24) der Varianzen abgedeckt. Es ergibt sich das Koordinatensystem, das in Abbildung 4.6 durch den Vektor v_1 und seinen Ursprung in $\bar{x}$ spezifiziert ist. Die entsprechende Rotationsmatrix lautet

$$E = v_1 = \begin{pmatrix} -0.85065 \\ 0.52573 \end{pmatrix}, \tag{4.28}$$

und daraus ergeben sich die projizierten Daten (4.2)

$$Y = (1.1135, 0.2629, -0.2629, -1.1135). \tag{4.29}$$

Die Rücktransformation (4.3) liefert

$$X' = \left\{ \begin{pmatrix} 1.0528 \\ 0.91459 \end{pmatrix}, \begin{pmatrix} 1.7764 \\ 1.3618 \end{pmatrix}, \begin{pmatrix} 2.2236 \\ 1.6382 \end{pmatrix}, \begin{pmatrix} 2.9472 \\ 2.0854 \end{pmatrix} \right\} \neq X. \tag{4.30}$$

Wie Abbildung 4.6 (rechts) zeigt, liegen die Projektionen X' auf der Hauptachse der Daten X, dem Koordinatenvektor v_1.

Die Hauptachsentransformation ist eine lineare Abbildung, was zu einem relativ geringen Rechenaufwand und einer großen Robustheit führt. Komplexe hochdimensionale nichtlineare Datenstrukturen können durch lineare Abbildungen jedoch nicht geeignet projiziert werden. Hierfür stehen verschiedene nichtlineare Methoden zur Verfügung. Zu den bekanntesten nichtlinearen Projektionen gehören die *mehrdimensionale Skalierung*, die *selbstorganisierende Karte* und das *mehrschichtige Perzeptron*. Diese werden in den folgenden Abschnitten vorgestellt.

4.2 Mehrdimensionale Skalierung

Wie schon in Abschnitt 2.3 beschrieben lässt sich zu jedem numerischer Datensatz $X = \{x_1, \dots, x_n\} \subset \mathbb{R}^p$ eine Relationsmatrix definieren, z.B. eine Euklid'sche Abstandsmatrix $D^x = (d_{ij}^x)$, $d_{ij}^x = \|x_i - x_j\|$, $i, j = 1, \dots, n$. Entsprechend lässt sich auch für den transformierten Datensatz $Y = \{y_1, \dots, y_n\} \subset \mathbb{R}^q$ eine Abstandsmatrix $D^y = (d_{ij}^y)$, $d_{ij}^y = \|y_i - y_j\|$, $i, j = 1, \dots, n$, bestimmen. Die *mehrdimensionale Skalierung* versucht, zu einem gegebenen Datensatz X einen projizierten Datensatz Y so zu bestimmen, dass $d_{ij}^x \approx d_{ij}^y$ für alle $i, j = 1, \dots, n$. Neben der eigentlichen Projektion besteht eine andere Anwendung für die mehrdimensionale Skalierung darin, zu gegebenen *relationalen* Daten D^x eine geeignete Repräsentation durch reelle Objektdaten Y zu bestimmen, also z.B. Objekte auf einer Ebene so anzuordnen, dass der Abstand zwischen Objektpaaren in etwa deren Ähnlichkeit entspricht. Um möglichst ähnliche Abstandsmatrizen D^x und D^y zu erhalten, wird der Fehler zwischen den beiden Matrizen minimiert. Geeignete Fehlermaße sind

$$E_1 = \frac{1}{\sum\limits_{i=1}^{n} \sum\limits_{j=i+1}^{n} \left(d_{ij}^x\right)^2} \sum_{i=1}^{n} \sum_{j=i+1}^{n} \left(d_{ij}^y - d_{ij}^x\right)^2, \tag{4.31}$$

$$E_2 = \sum_{i=1}^{n} \sum_{j=i+1}^{n} \left(\frac{d_{ij}^y - d_{ij}^x}{d_{ij}^x}\right)^2, \tag{4.32}$$

$$E_3 = \frac{1}{\sum\limits_{i=1}^{n} \sum\limits_{j=i+1}^{n} d_{ij}^x} \sum_{i=1}^{n} \sum_{j=i+1}^{n} \frac{\left(d_{ij}^y - d_{ij}^x\right)^2}{d_{ij}^x}. \tag{4.33}$$

E_1 (4.31) ist ein Maß für den absoluten quadratischen Fehler, E_2 (4.32) ist ein Maß für den relativen quadratischen Fehler und E_3 (4.33) ist ein Kompromiss zwischen E_1 und E_2, der sowohl den absoluten als auch den relativen Fehler berücksichtigt. Die mehrdimensionale Skalierung mit E_3 wird auch *Sammon–Abbildung* [133] genannt. Zur Bestimmung eines projizierten Datensatzes Y durch Minimierung des Fehlers E (also E_1, E_2 oder E_3) eignet sich ein *Gradientenabstiegsverfahren*. Gradientenabstieg bedeutet, dass der zu bestimmende Parameter in jedem Schritt proportional zum Gradienten der zu minimierenden Funktion verändert wird. Zur Berechnung der Gradienten der obigen Fehlerfunktionen muss die Ableitung des Abstands nach einem Punkt berechnet werden. Diese ist entweder Null oder gleich der Richtung des Abstands.

$$\frac{\partial d_{ij}^y}{\partial y_k} = \frac{\partial}{\partial y_k} \|y_i - y_j\| = \begin{cases} \frac{y_k - y_j}{d_{kj}^y}, & \text{falls } i = k \\ 0, & \text{sonst.} \end{cases} \tag{4.34}$$

1. Gegeben Datensatz $X = \{x_1, \ldots, x_n\} \subset \mathbb{R}^p$,
   Projektionsdimension $q \in \{1, \ldots, p-1\}$,
   Schrittweite $\alpha > 0$, Schwellwert $E_{th} > 0$

2. Initialisiere $Y = \{y_1, \ldots, y_n\} \subset \mathbb{R}^q$

3. Berechne d_{ij}^x, $i, j = 1, \ldots, n$

4. Berechne d_{ij}^y, $i, j = 1, \ldots, n$

5. Berechne $\partial E / \partial y_k$, $k = 1, \ldots, n$

6. Aktualisiere

$$y_k = y_k - \alpha \cdot \frac{\partial E}{\partial y_k}, \quad k = 1, \ldots, n$$

7. Falls

$$\sum_{k=1}^{n} (\partial E / \partial y_k)^2 > E_{th},$$

   wiederhole ab (4.)

8. Ausgabe: projizierter Datensatz $X = \{x_1, \ldots, x_n\} \subset \mathbb{R}^q$

Abbildung 4.7: Mehrdimensionale Skalierung mit Gradientenabstieg

Damit ergeben sich die Gradienten der Fehlerfunktionen zu

$$\frac{\partial E_1}{\partial y_k} = \frac{2}{\sum_{i=1}^{n} \sum_{j=i+1}^{n} \left(d_{ij}^x\right)^2} \sum_{j \neq k} \left(d_{kj}^y - d_{kj}^x\right) \frac{y_k - y_j}{d_{kj}^y}, \tag{4.35}$$

$$\frac{\partial E_2}{\partial y_k} = 2 \sum_{j \neq k} \frac{d_{kj}^y - d_{kj}^x}{\left(d_{kj}^x\right)^2} \frac{y_k - y_j}{d_{kj}^y}, \tag{4.36}$$

$$\frac{\partial E_3}{\partial y_k} = \frac{2}{\sum_{i=1}^{n} \sum_{j=i+1}^{n} d_{ij}^x} \sum_{j \neq k} \frac{d_{kj}^y - d_{kj}^x}{d_{kj}^x} \frac{y_k - y_j}{d_{kj}^y}. \tag{4.37}$$

Damit lässt sich die mehrdimensionale Skalierung mit Gradientenabstieg durchführen, wie in Abbildung 4.7 gezeigt. Nach zufälliger Initialisierung wird für jeden einzelnen projizierten Vektor y_k, $k = 1, \ldots, n$, ein Gradientenabstiegsschritt durchgeführt und dann die Abstände d_{ij}^y sowie die Gradienten $\partial E / \partial y_k$, $k = 1, \ldots, n$, neu berechnet. Der Algorithmus terminiert, wenn die (meist abnehmende) quadratische Summe der Gradienten einen Schwellwert E_{th} erreicht.

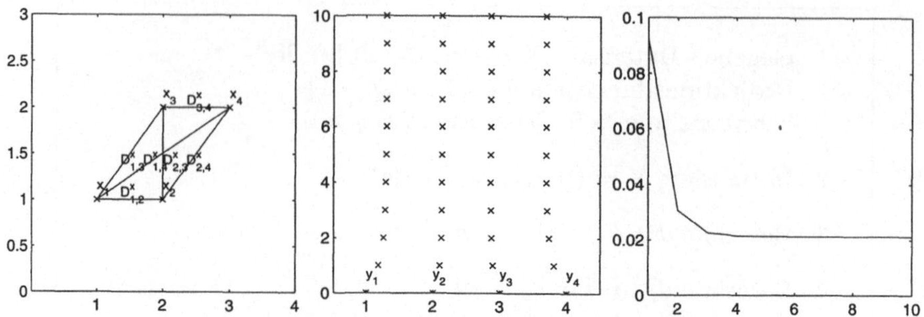

Abbildung 4.8: Sammon–Abbildung, Beispiel (Originaldaten, projizierte Daten in den einzelnen Iterationsschritten und Verlauf der Fehlerfunktion)

Beispiel

Für den Datensatz (4.21) aus Abbildung 4.6 ergibt sich die Euklid'sche Abstandsmatrix zu

$$
D^x = \begin{pmatrix} 0 & 1 & \sqrt{2} & \sqrt{5} \\ 1 & 0 & 1 & \sqrt{2} \\ \sqrt{2} & 1 & 0 & 1 \\ \sqrt{5} & \sqrt{2} & 1 & 0 \end{pmatrix}.
\tag{4.38}
$$

Die Daten X sowie die Abstände sind in Abbildung 4.8 (links) dargestellt. Der projizierte Datensatz wird initialisiert als $Y = \{1, 2, 3, 4\}$. Dieser entspricht der untersten Zeile in Abbildung 4.8 (Mitte). Die entsprechende Abstandsmatrix lautet

$$
D^y = \begin{pmatrix} 0 & 1 & 2 & 3 \\ 1 & 0 & 1 & 2 \\ 2 & 1 & 0 & 1 \\ 3 & 2 & 1 & 0 \end{pmatrix}.
\tag{4.39}
$$

Der Projektionsfehler nach Sammon beträgt nach der Initialisierung also

$$
E_3 = \frac{1}{3 \cdot 1 + 2 \cdot \sqrt{2} + \sqrt{5}} \cdot \left(2 \cdot \frac{\left(2 - \sqrt{2}\right)^2}{\sqrt{2}} + \frac{\left(3 - \sqrt{5}\right)^2}{\sqrt{5}} \right) = 0.0925.
\tag{4.40}
$$

Dies ist erste Wert der Fehlerfunktion in Abbildung 4.8 (rechts). Die Fehlergradienten für die vier Datenpunkte lauten

$$
\frac{\partial E_3}{\partial y_1} = \frac{2}{3 \cdot 1 + 2 \cdot \sqrt{2} + \sqrt{5}} \cdot \left(-\frac{2 - \sqrt{2}}{\sqrt{2}} - \frac{3 - \sqrt{5}}{\sqrt{5}} \right) = -0.1875,
\tag{4.41}
$$

$$
\frac{\partial E_3}{\partial y_2} = \frac{2}{3 \cdot 1 + 2 \cdot \sqrt{2} + \sqrt{5}} \cdot \left(-\frac{2 - \sqrt{2}}{\sqrt{2}} \right) = -0.1027,
\tag{4.42}
$$

$$
\frac{\partial E_3}{\partial y_3} = \frac{2}{3 \cdot 1 + 2 \cdot \sqrt{2} + \sqrt{5}} \cdot \left(\frac{2 - \sqrt{2}}{\sqrt{2}} \right) = 0.1027,
\tag{4.43}
$$

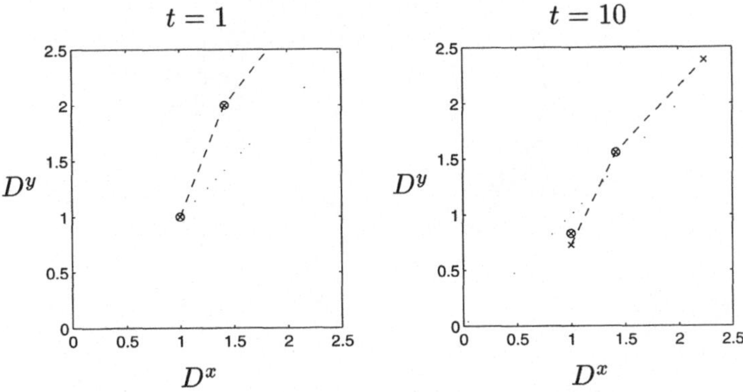

Abbildung 4.9: Shepard–Diagramme für den ersten und zehnten Schritt der Sammon–Abbildung

$$\frac{\partial E_3}{\partial y_4} = \frac{2}{3 \cdot 1 + 2 \cdot \sqrt{2} + \sqrt{5}} \cdot \left(\frac{3 - \sqrt{5}}{\sqrt{5}} + \frac{2 - \sqrt{2}}{\sqrt{2}} \right) = 0.1875. \qquad (4.44)$$

Mit der Schrittweite $\alpha = 1$ ergibt sich daraus der neue projizierte Datensatz zu $Y = (1.1875, 2.1027, 2.8973, 3.8125)$, der der zweiten Zeile in Abbildung 4.8 (Mitte) entspricht. Der weitere Verlauf der Optimierung wird aus den Diagrammen in Abbildung 4.8 (Mitte und rechts) deutlich. Die projizierten Daten nähern sich in immer kleineren Schritten der Terminierungsmenge $Y = (1.3058, 2.1359, 2.8641, 3.6942)$, und der Fehler nimmt ab, bis bei $E_3 = 0.0212$ eine Sättigung erreicht wird.

Die Transformationsgüte lässt sich mit sogenannten *Shepard–Diagrammen* darstellen, in denen alle Abstände d_{ij}^y der Projektion über den Originalabständen d_{ij}^x, $i, j = 1, \ldots, n$, aufgetragen sind. Für eine fehlerfreie Abbildung der Abstände müssten alle Punkte im Shepard–Diagramm auf der Winkelhalbierenden liegen. Abbildung 4.9 zeigt die Shepard–Diagramme für den ersten (links) und den zehnten (rechts) Schritt des obigen Beispiels. Mehrere übereinander liegende Punkte sind als gefüllte Kreise gekennzeichnet. Nach dem zehnten Schritt sind die Punkte zwar nicht genau auf der Winkelhalbierenden, aber wesentlich näher als zu Beginn. Torgerson [149] definiert eine nichtlineare Projektionsmethode auf der Basis der Shepard–Diagramme, die der mehrdimensionalen Skalierung sehr ähnlich ist. Anstatt die Punkte im Shepard–Diagramm nahe an die Winkelhalbierende zu bringen, wie es das Ziel der mehrdimensionale Skalierung ist, versucht Torgersons Methode, die Punkte so anzuordnen, dass sich durch sie ein streng monotoner Linienzug legen lässt.

Zur Verdeutlichung des Algorithmus wurde mit (4.21) ein besonders einfaches Beispiel gewählt. Zur Verdeutlichung der Fähigkeiten nichtlinearer Abbildungen wird eine zweidimensionale Repräsentation des Datensatzes

$$X = \{((t_1 - 1) \cdot (t_2 - 1), t_1, t_2)^T \mid t_1, t_2 \in \{0, 0.1, 0.2, \ldots, 2\} \} \qquad (4.45)$$

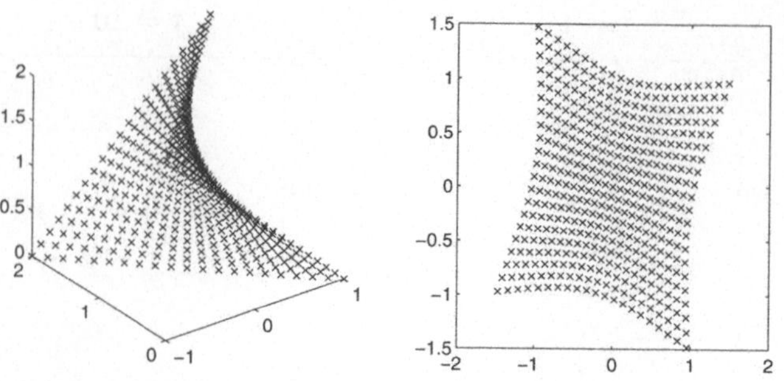

Abbildung 4.10: Originaldatensatz und Sammon–Abbildung (A)

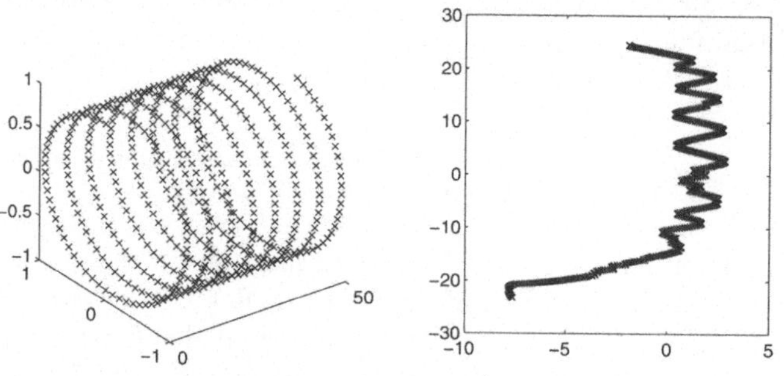

Abbildung 4.11: Originaldatensatz und Sammon–Abbildung (B)

mit Hilfe der Sammon–Abbildung in 1000 Iterationsschritten berechnet. Abbildung 4.10 (links) zeigt diesen Datensatz, der an ein verbogenes Quadrat erinnert. Die Sammon–Transformierte auf der rechten Seite zeigt ein entsprechend geradegebogenes Viereck, das die flächige Struktur sehr gut wiedergibt. Der transformierte Datensatz enthält ebenso wie der Originaldatensatz genau 4 Eckpunkte und 76 Randpunkte, und die Nachbarschaftsbeziehungen zwischen den einzelnen Punkten bleiben erhalten.

Abbildung 4.11 (links) zeigt den Datensatz

$$X = \{(t, \sin t, \cos t)^T \mid t \in \{0, 0.1, 0.2, \ldots, 50\}\,\}, \qquad (4.46)$$

der einer Schraubenkurve entspricht. Die Sammon–Transformierte, die auf der rechten Seite abgebildet ist, gibt die Linienstruktur der Daten gut wieder, d.h. es gibt einen Anfangs– und einen Endpunkt, und alle Zwischenpunkte haben jeweils genau zwei Nachbarn auf gegenüberliegenden Seiten. Die acht Schleifen im Originaldatensatz werden durch acht Zickzackverläufe repräsentiert.

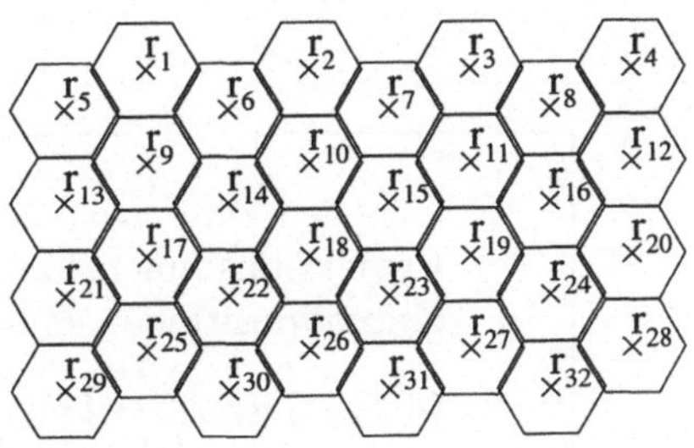

Abbildung 4.12: Selbstorganisierende Karte in rechteckiger und hexagonaler Struktur

4.3 Selbstorganisierende Karte

Eine selbstorganisierende Karte [67, 70, 157] ist ein q–dimensionales Feld von l Knoten. Im zweidimensionalen Fall können diese Knoten z.B. rechteckig oder hexagonal angeordnet werden, wie in Abbildung 4.12 gezeigt. Jeder Knoten in einer solchen selbstorganisierenden Karte besitzt einen Ortsvektor $r_i \in \mathbb{R}^q$, der seine Position in der Karte festlegt, sowie einen Referenzvektor $m_i \in \mathbb{R}^p$, der einem Punkt aus dem Bereich des Datensatzes X entspricht, $i = 1, \ldots, l$. Beim Training der Karte wird in jedem Lernschritt t zu jedem Vektor $x_k \in X$ derjenige Knoten bestimmt, dessen Referenzvektor den geringsten Abstand zu x_k besitzt. Anschließend werden die Referenzvektoren aller Knoten aus der Nachbarschaft des Gewinnerknotens modifiziert. Die Nachbarschaft zwischen den Knoten mit den Indizes $c = 1, \ldots, l$ und $i = 1, \ldots, l$ kann definiert werden über die *Blasenfunktion*

$$h_{ci} = \begin{cases} \alpha(t), & \text{falls } \|r_c - r_i\| < \rho(t) \\ 0, & \text{sonst} \end{cases} \qquad (4.47)$$

oder die *Gauß–Funktion*

$$h_{ci} = \alpha(t) \cdot e^{-\frac{\|r_c - r_i\|^2}{2 \cdot \rho^2(t)}}. \qquad (4.48)$$

Der Beobachtungsradius $\rho(t)$ und die Lernrate $\alpha(t)$ sind monoton fallende Funktionen, z.B.

$$\alpha(t) = \frac{A}{B + t}, \quad A, B > 0. \qquad (4.49)$$

Den Algorithmus zum Training einer selbstorganisierenden Karte zeigt Abbildung 4.13. Zur Visualisierung des Trainingsergebnisses einer selbstorganisierende Karte können die einzelnen Referenzvektoren oder die Abstände der Referenzvektoren benachbarter Knoten dargestellt werden. Abbildung 4.14 zeigt eine Karte, die entsprechend der Abstände der Referenzvektoren mit Grauwerten eingefärbt wurde, wobei hohe Abstände durch helle Grauwerte reprasentiert werden. Die gezeigte Struktur deutet darauf hin, dass in diesem Datensatz zwei

1. Gegeben Datensatz $X = \{x_1, \ldots, x_n\} \subset \mathbb{R}^p$,
   Projektionsdimension $q \in \{1, \ldots, p-1\}$,
   Knotenpositionen $R = \{r_1, \ldots, r_l\} \subset \mathbb{R}^q$

2. Initialisiere $M = \{m_1, \ldots, m_l\} \subset \mathbb{R}^p$, $t = 1$

3. Für jeden Vektor x_k, $k = 1, \ldots, n$,

   (a) Bestimme Gewinnerknoten m_c, so dass

   $$\|x_k - m_c\| \leq \|x_k - m_i\| \quad \forall i = 1, \ldots, l$$

   (b) Aktualisiere Gewinner und Nachbarn

   $$m_i = m_i + h_{ci} \cdot (x_k - m_c) \quad \forall i = 1, \ldots, l$$

4. $t = t + 1$

5. Wiederhole ab (3.), bis Abbruchkriterium erreicht

6. Ausgabe: Referenzvektoren $M = \{m_1, \ldots, m_l\} \subset \mathbb{R}^p$

Abbildung 4.13: Training einer selbstorganisierenden Karte

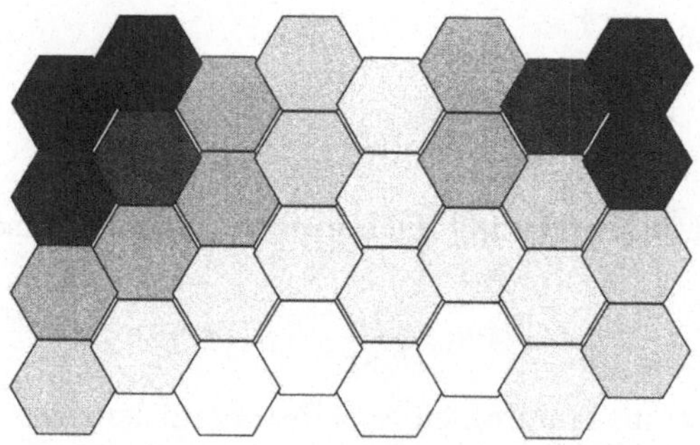

Abbildung 4.14: Visualisierung einer selbstorganisierenden Karte mit Grauwerten

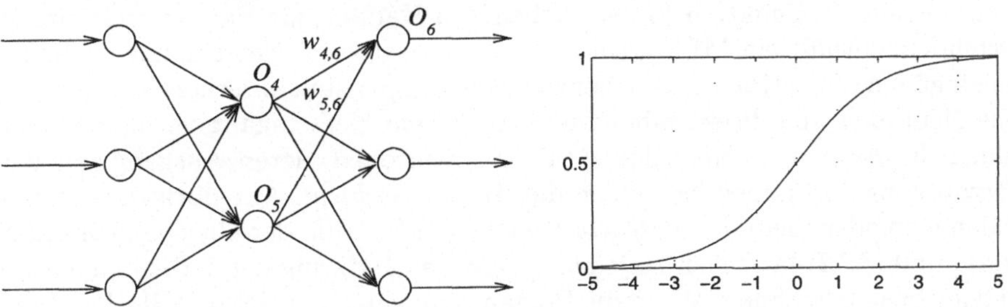

Abbildung 4.15: Mehrschichtiges Perzeptron und sigmoide Übertragungsfunktion

ausgeprägte Cluster vorhanden sind, die durch die Knoten links oben und rechts oben repräsentiert werden.

Einige Modifikationen der selbstorganisierenden Karte, die sich weniger zur Visualisierung als viel mehr zur Clusteranalyse eignen, sind in Abschnitt 5.11 beschrieben.

4.4 Mehrschichtiges Perzeptron

Ein *mehrschichtiges Perzeptron* (*multilayer perceptron, MLP*) ist ein gerichteter Graph wie in Abbildung 4.15 (links) gezeigt. Die Knoten eines MLP heißen Neuronen, da ein MLP und die Funktionalität der MLP–Knoten Ähnlichkeit mit einem biologischen neuronalen Netz besitzen [50, 109, 138]. Die Kanten eines MLP tragen reelle Gewichte, wobei $w_{ij} \in \mathbb{R}$ das Kantengewicht vom Ausgang des Neurons Nummer i zu einem Eingang des Neurons Nummer j bezeichnet. Jedes Neuron liefert einen skalaren Ausgangswert, der Ausgangswert des Neurons Nummer i ist also $O_i \in \mathbb{R}$. Der effektive Eingangswert $I_i \in \mathbb{R}$ jedes Neurons ist die Summe der entsprechenden gewichteten Eingangswerte.

$$I_i = \sum_j w_{ij} O_j \tag{4.50}$$

Der Ausgangswert jedes Neurons wird aus dem effektiven Eingangswert mit Hilfe einer Übertragungsfunktion $f : \mathbb{R} \to \mathbb{R}$ berechnet, so dass

$$O_i = f(I_i). \tag{4.51}$$

Eine häufig verwendete Übertragungsfunktion ist die in Abbildung 4.15 (rechts) gezeigte *Sigmoid–Funktion* oder *logistische Funktion*

$$f(x) = \frac{1}{1 + e^{-x}}, \tag{4.52}$$

die bewirkt, dass der Neuronenausgang stets auf das offene Intervall $O_i \in (-1, 1)$ beschränkt bleibt. Diese Sigmoid–Funktion ähnelt sehr der bereits erwähnten inversen Fisher–Z–Funktion (3.29). Neben den Kanten, die Paare von Neuronen verbinden, enthält ein MLP auch Kanten vom externen Netzeingang zu Neuroneneingängen und Kanten von Neuronenausgängen zum externen Netzausgang. Alle Neuronen, die direkt mit mindestens einem Netzeingang verbunden sind, bilden die *Eingangsschicht* des MLP, alle Neuronen, deren Ausgang mit dem Netzausgang verbunden ist, bilden die *Ausgangsschicht*. Alle übrigen Neuronen bilden eine oder mehrere *verdeckte Schichten*. Mit Hilfe der Gleichungen (4.50), (4.51) und (4.52) lässt sich zu jedem gegebenen Netzeingang der entsprechende Netzausgang berechnen. Wenn die Eingangsschicht aus $p \geq 1$ und die Ausgangsschicht aus $r \geq 1$ Neuronen besteht, so ist der Netzeingang ein Vektor $x \in \mathbb{R}^p$ und der Netzausgang ein Vektor $y \in \mathbb{R}^r$. Das MLP stellt somit eine Funktion $f : \mathbb{R}^p \to \mathbb{R}^r$ dar, die durch die Werte der Gewichte w_{ij} spezifiziert wird. Die Festlegung der Gewichte w_{ij} und somit der Netzübertragungsfunktion f kann im Prinzip durch den Benutzer erfolgen, dies ist jedoch nur für die wenigsten Anwendungen praktikabel. MLPs werden dagegen meist dort eingesetzt, wo Datensätze mit Ein–/Ausgangspaaren $Z = (X, Y) \in \mathbb{R}^{p+r}$ vorliegen, die die gewünschte Netzübertragungsfunktion beschreiben. Mit Hilfe eines geeigneten Lernverfahrens werden die Netzgewichte w_{ij} so trainiert, dass das Netz näherungsweise zu jedem Eingangsvektor $x \in X$ den zugehörigen Ausgangsvektor $y \in Y$ reproduziert, dass also $y \approx f(x)$.

Zur Vereinfachung der Schreibweise werden im Folgenden MLPs betrachtet, die wie in Abbildung 4.15 (links) gezeigt genau eine verdeckte Schicht mit $q \geq 1$ Neuronen besitzen. MLPs mit genau einer verdeckten Schicht werden auch zweischichtige (und nicht etwa dreischichtige) MLPs genannt, da sie zwei Schichten adaptierbarer Kantengewichte besitzen, nämlich zwischen Eingangsschicht und verdeckter Schicht sowie zwischen verdeckter Schicht und Ausgangsschicht. Weiterhin werden im Folgenden die Neuronen so indiziert, dass die Neuronen der Eingangsschicht die Ausgänge $O_1, \ldots, O_p$ besitzen, die Neuronen der verdeckten Schicht die Ausgänge $O_{p+1}, \ldots, O_{p+q}$ und die Neuronen der Ausgangsschicht die Ausgänge $O_{p+q+1}, \ldots, O_{p+q+r}$. Der Netzeingang ist somit $x = (I_1, \ldots, I_p) \in X$ und der Netzausgang ist $(O_{p+q+1}, \ldots, O_{p+q+r})$. Der Sollwert des Netzausgangs ist jedoch $y = (O'_{p+q+1}, \ldots, O'_{p+q+r}) \in Y$. Die Abweichung des Netzausgangs von dessen Sollwert wird durch den mittleren quadratischer Ausangsfehler E quantifiziert.

$$E = \frac{1}{r} \cdot \sum_{i=p+q+1}^{p+q+r} (O_i - O'_i)^2 \qquad (4.53)$$

Zum Training des Netzes sollen die Netzgewichte w_{ij} so adaptiert werden, dass der Fehler E minimal wird. Hierzu wird ein Gradientenabstiegsverfahren verwendet, das die Gewichte in jedem Schritt entsprechend der aktuellen Fehlergradienten modifiziert.

$$\Delta w_{ij} = -\alpha(t) \cdot \frac{\partial E}{\partial w_{ij}} \qquad (4.54)$$

Ein Gradientenabstiegsverfahren wurde in Abschnitt 4.2 bereits zur mehrdimensionalen Skalierung verwendet (Abbildung 4.7). Zur Adaption der Gewichte zwischen verdeckter Schicht und Ausgangsschicht ergeben sich die Fehlergradienten für (4.54) unter Beachtung der Kettenregel direkt aus (4.50), (4.51) und (4.53).

$$\frac{\partial E}{\partial w_{ij}} = \frac{\partial E}{\partial O_j} \cdot \frac{\partial O_j}{\partial I_j} \cdot \frac{\partial I_j}{\partial w_{ij}} \tag{4.55}$$

$$\sim \underbrace{(O_j - O_j') \cdot f'(I_j)}_{= \delta_j^{(O)}} \cdot O_i$$

Der Term $\delta_j^{(O)}$, $j = p+q+1, \ldots, p+q+r$, wird auch *Deltawert der Ausgangsschicht* genannt. Mit diesem Deltawert wird (4.54) zur *generalisierten Delta-Regel* [112]

$$\Delta w_{ij} = -\alpha(t) \cdot \delta_j^{(O)} \cdot O_i. \tag{4.56}$$

Für die Sigmoid–Funktion (4.52) lässt sich die Ableitung nach I_j berechnen als

$$f'(I_j) = \frac{\partial}{\partial I_j} \frac{1}{1 + e^{-I_j}} = -\frac{1}{(1 + e^{-I_j})^2} \cdot (-e^{-I_j})$$

$$= \frac{1}{1 + e^{-I_j}} \cdot \frac{e^{-I_j}}{1 + e^{-I_j}} = O_j \cdot (1 - O_j). \tag{4.57}$$

Aus (4.55) und (4.57) ergibt sich also für sigmoide Übertragungsfunktionen

$$\delta_j^{(O)} = (O_j - O_j') \cdot O_j \cdot (1 - O_j). \tag{4.58}$$

Zur Adaption der Gewichte zwischen der Eingangsschicht und der verdeckten Schicht muss die Summe der Änderung aller Ausgänge betrachtet werden.

$$\frac{\partial E}{\partial w_{ij}} = \sum_{l=p+q+1}^{p+q+r} \frac{\partial E}{\partial O_l} \cdot \frac{\partial O_l}{\partial I_l} \cdot \frac{\partial I_l}{\partial O_j} \cdot \frac{\partial O_j}{\partial I_j} \cdot \frac{\partial I_j}{\partial w_{ij}}$$

$$\sim \sum_{l=p+q+1}^{p+q+r} (O_l - O_l') \cdot f'(I_l) \cdot w_{jl} \cdot f'(I_j) \cdot O_i \tag{4.59}$$

$$= \sum_{l=p+q+1}^{p+q+r} \sum_{l=p+q+1}^{p+q+r} \delta_l^{(O)} \cdot w_{jl} \cdot f'(I_j) \cdot O_i$$

Analog zu (4.55) gilt damit

$$\frac{\partial E}{\partial w_{ij}} = f'(I_j) \cdot \underbrace{\sum_{l=p+q+1}^{p+q+r} \delta_l^{(O)} \cdot w_{jl}}_{= \delta_j^{(H)}} \cdot O_i. \tag{4.60}$$

Die generalisierte Delta–Regel für die Gewichte zwischen Eingangsschicht und verdeckter Schicht lautet damit entsprechend zu (4.56)

$$\Delta w_{ij} = -\alpha(t) \cdot \delta_j^{(H)} \cdot O_i. \tag{4.61}$$

Für die Sigmoidfunktion ergeben sich die Deltawerte der verdeckten Schicht mit (4.57) und (4.60) zu

$$\delta_j^{(H)} = (O_j) \cdot (1 - O_j) \cdot \sum_{l=p+q+1}^{p+q+r} \delta_l^{(O)} \cdot w_{jl}. \tag{4.62}$$

Das Schema zur Berechnung lässt sich entsprechend auch für MLPs mit mehr als zwei Schichten, also mit mehreren verdeckten Schichten erweitern. Auch für diese lässt sich für jede Schicht eine Gleichung zur Berechnung der Deltawerte aus der Ableitung der Übertragungsfunktion und den Deltawerten der nachfolgenden Schichten herleiten.

Der Gradientenabstieg mit der Delta–Regel (4.56) bzw. (4.61) wird auch als *Backpropagation*-Algorithmus bezeichnet, da die Fehler von der Ausgangsschicht in Richtung Eingangsschicht zurückpropagiert werden. Abbildung 4.16 zeigt den Backpropagation–Algorithmus für die hier betrachteten zweischichtigen MLPs. Nach der Initialisierung der Gewichte werden in jedem Lernschritt für jedes Paar von Ein– und Ausgangswerten jedes Gewicht einmal gemäß der Delta–Regel aktualisiert, bis ein Abbruchkriterium erreicht ist, z.B. bis der Fehler E (4.53) einen Schwellwert $E_{th} > 0$ unterschritten hat.

Mehrschichtige Perzeptrons sind eignen sich allgemein zur Approximation von Funktionen $f : \mathbb{R}^p \to \mathbb{R}^r$. Im Sinne der hier betrachteten Visualisierung lassen sich MLPs aber auch zur Dimensionsreduktion verwenden, d.h. zur Transformation eines Datensatzes $X = \{x_1, \ldots, x_n\} \subset \mathbb{R}^p$ in einen Datensatz $Y = \{y_1, \ldots, y_n\} \subset \mathbb{R}^q$ mit niedrigerer Dimension ($q < p$). Hierzu wird ein MLP mit p Neuronen in der Eingangsschicht, q Neuronen in der verdeckten Schicht und wieder p Neuronen in der Ausgangsschicht, also ein sogenanntes p–q–p–Perzeptron oder auch Autoassoziator verwendet, wie in Abbildung 4.17 skizziert. Zum Training dieses MLPs wird der Originaldatensatz X sowohl als Eingangsdatensatz als auch als Ausgangsdatensatz verwendet. Das Netz assoziiert dadurch zu jedem Vektor $x \in X \subset \mathbb{R}^p$ eine Repräsentation $y(x) \in \mathbb{R}^q$ in der verdeckten Schicht, aus der sich der Vektor x in der Ausgangsschicht rekonstruieren lässt. Nach dem Training lassen sich also die transformierten Daten nach Anlegen der Originaldaten aus der verdeckten Schicht auslesen.

$$y_k = (O_{p+1}, \ldots, O_{p+q})|_{(I_1,\ldots,I_p)=x_k}, \quad k = 1, \ldots, n \tag{4.63}$$

Als Beispiel wird der bereits bei der mehrdimensionalen Skalierung betrachtete dreidimensionale Datensatz (4.45) als Ein– und Ausgangsdatensatz eines 3–2–3–Perzeptrons verwendet. Zum Training wurden 5 verschiedene zufällige Netzinitialisierungen gewählt und für jede Initialisierung jeweils 50 Lernschritte durchgeführt. Abbildung 4.18 zeigt den Datensatz (links) und die zweidimensionale Projektion aus der verdeckten Schicht des MLPs mit dem geringsten Lernfehler E (rechts). Ein Vergleich mit dem durch mehrdimensionale Skalierung

1. Gegeben Neuronenanzahl $p, q, r \in \{1, 2, \ldots\}$,
   Eingangsdaten $X = \{x_1, \ldots, x_n\} \subset \mathbb{R}^p$,
   Ausgangsdaten $Y = \{y_1, \ldots, y_n\} \subset \mathbb{R}^r$

2. Initialisiere w_{ij}, $i, j = 1, \ldots, p + q + r$

3. Für jedes Ein-/Ausgangspaar (x_k, y_k), $k = 1, \ldots, n$,

   (a) Aktualisiere die Gewichte der Ausgangsschicht

   $$w_{ij} = w_{ij} - \alpha(t) \cdot \delta_j^{(O)} \cdot O_i, \qquad \begin{aligned} i &= 1, \ldots, q, \\ j &= p + 1, \ldots, p + q \end{aligned}$$

   (b) Aktualisiere die Gewichte der verdeckten Schicht

   $$w_{ij} = w_{ij} - \alpha(t) \cdot \delta_j^{(H)} \cdot O_i, \qquad \begin{aligned} i &= p + 1, \ldots, p + q, \\ j &= p + q + 1, \ldots, p + q + r \end{aligned}$$

4. Wiederhole ab (3.), bis Abbruchkriterium erreicht

5. Ausgabe: Gewichte w_{ij}, $i, j = 1, \ldots, p + q + r$

Abbildung 4.16: Backpropagation–Algorithmus für ein zweischichtiges Perzeptron

erreichten Resultat in Abbildung 4.10 zeigt, dass die mit dem MLP gewonnene Projektion zwar die Punktabstände verfälscht, dafür aber die Rechteckform des Datensatzes perfekt wiedergibt. Für den ebenfalls bereits bei der mehrdimensionalen Skalierung betrachteten Datensatz (4.46) konnte mit dem gleichen Verfahren auch nach wiederholten Versuchen kein Lernfehler unter $E = 260$ erreicht werden, so dass das Projektionsergebnis (Abbildung 4.19 rechts) nur eine unzureichende Repräsentation darstellt. Welches der beschriebenen linearen und nichtlinearen Projektionverfahren für einen gegebenen Datensatz die beste Repräsentierung liefert, kann nicht allgemein beantwortet werden, sondern hängt stets stark von den Daten selbst ab. In praktischen Anwendungen ist es daher empfehlenswert, mehrere verschiedene Projektionsmethoden auszuprobieren und die Projektionsergebnisse zu vergleichen.

4.5 Spektralanalyse

Die bisher vorgestellten Visualisierungsmethoden habe die gemeinsame Motivation, einen hochdimensionalen Datensatz durch lineare oder nichtlineare Projektion auf einen niedrigdimensionalen Datensatz abzubilden. Im Allgemeinen ist Visualisierung eine geeignete Abbildung eines Datensatzes X auf einen Da-

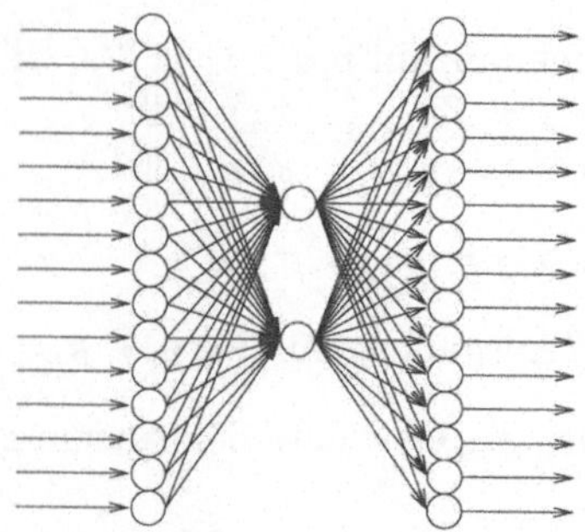

Abbildung 4.17: Zweischichtiges Perzeptron zur Dimensionsreduktion (Autoassoziator)

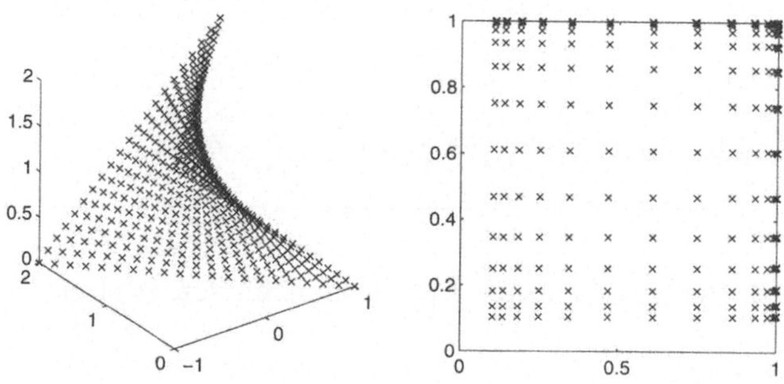

Abbildung 4.18: Originaldatensatz und Abbildung der verdeckten Schicht eines trainierten 2–3–2–Perzeptrons (A)

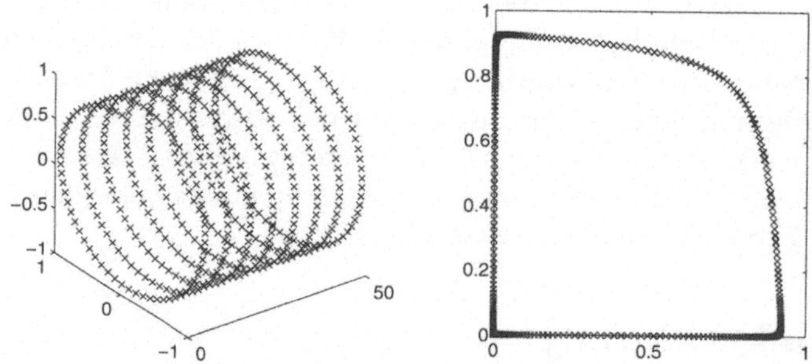

Abbildung 4.19: Originaldatensatz und Abbildung der verdeckten Schicht eines trainierten 2–3–2–Perzeptrons (B)

tensatz Y so, dass wesentliche Eigenschaften der Daten in Y besser erkennbar sind als in X. Dies trifft nicht nur auf Projektionen zu, die zu jedem Datenpunkt einen entsprechenden Bildpunkt bestimmen, sondern auch auf Methoden, die eine Menge von Merkmalen zur Charakterisierung des Datensatzes X bestimmen. Häufig betrachtete Merkmale sind die spektralen Merkmale wie Betrags– und Phasenspektrum. Diese spektralen Merkmale sind durch den *Satz von Fourier* motiviert, nach dem sich jede Funktion f einer bestimmten Klasse (sogenannte „gutmütige" Funktionen) durch ein Integral von Sinus– und Cosinusfunktionen schreiben lässt.

$$f(x) \;=\; \int_0^\infty (a(y) \cos xy + b(y) \sin xy)\, dy \quad \text{mit} \qquad (4.64)$$

$$a(y) \;=\; \frac{1}{\pi} \int_{-\infty}^\infty f(u) \cos yu\, du \qquad (4.65)$$

$$b(y) \;=\; \frac{1}{\pi} \int_{-\infty}^\infty f(u) \sin yu\, du \qquad (4.66)$$

Dieser Satz motiviert die Definition der *Fouriercosinustransformierten* $F_c(y)$ und der *Fouriersinustransformierten* $F_s(y)$.

$$F_c(y) \;=\; \sqrt{\frac{2}{\pi}} \int_0^\infty f(x) \cos xy\, dx \qquad (4.67)$$

$$f(x) \;=\; \sqrt{\frac{2}{\pi}} \int_0^\infty F_c(y) \cos xy\, dy \qquad (4.68)$$

$$F_s(y) \;=\; \sqrt{\frac{2}{\pi}} \int_0^\infty f(x) \sin xy\, dx \qquad (4.69)$$

$$f(x) \;=\; \sqrt{\frac{2}{\pi}} \int_0^\infty F_s(y) \sin xy\, dy \qquad (4.70)$$

Die Fourier(co)sinustransformation lässt sich nicht nur auf kontinuierliche, sondern auch auf diskrete Funktionen anwenden. Die entsprechende *diskrete Fourier(co)sinustransformation* kann aus (4.67) bis (4.70) formal durch die Substitutionen $x = k \cdot T$ und $y = l \cdot \omega$ gewonnen werden. Die diskreten Funktionswerte sind durch den Datensatz X gegeben, so dass $f(k \cdot T) = x_k$, $k = 1,\ldots,n$, und die diskreten Spektralwerte ergeben einen Datensatz Y, so dass $F_c(l \cdot \omega) = y_l^c$ und $F_s(l \cdot \omega) = y_l^s$, $l = 1,\ldots,m$.

$$y_l^c = \frac{2}{n} \sum_{k=1}^n x_k \cos kl\omega T \qquad (4.71)$$

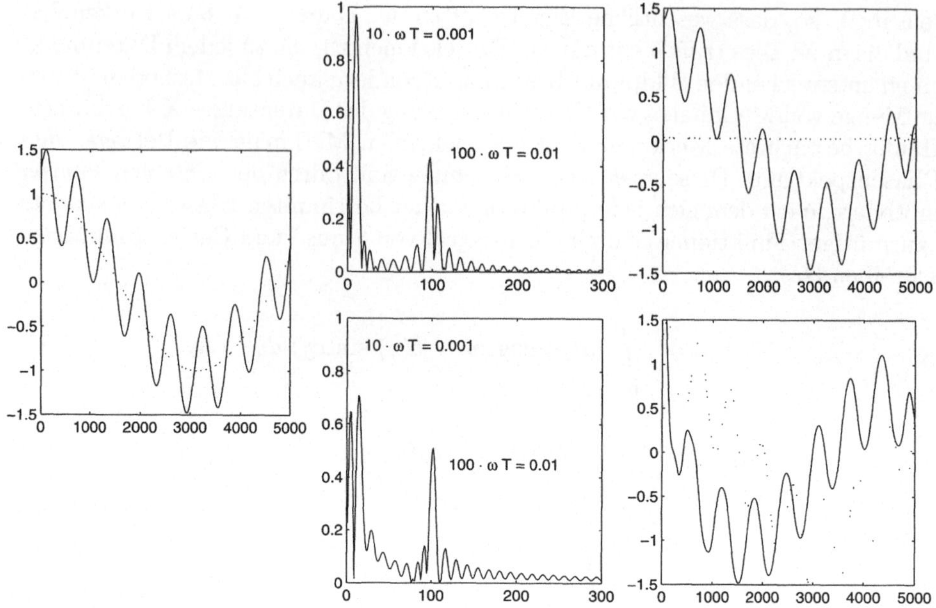

Abbildung 4.20: Datensatz, Betrag der Fouriertransformierten und Rücktrans-
formierte (oben: Cosinus, unten: Sinus)

$$x'_k = \frac{n\omega T}{\pi} \sum_{l=1}^{m} y_l^c \, \cos kl\omega T \tag{4.72}$$

$$y_l^s = \frac{2}{n} \sum_{k=1}^{n} x_k \, \sin kl\omega T \tag{4.73}$$

$$x'_k = \frac{n\omega T}{\pi} \sum_{l=1}^{m} y_l^s \, \sin kl\omega T \tag{4.74}$$

Abbildung 4.20 (links) zeigt den Datensatz

$$X = \{(i, \cos(0.001 \cdot i) + 0.5 \cdot \cos(0.01 \cdot i - 1)) \mid i \in \{1, \ldots, 5000\}\}, \tag{4.75}$$

der aus zwei periodischen Anteilen besteht: einem mit hoher Periodendauer und
hoher Amplitude und einem mit niedriger Periodendauer und niedriger Amplitude. Ein solcher Datensatz könnte z.B. aus Verkaufszahlen bestehen, die
im jahreszeitlichen Rhythmus stark und im Wochenrhythmus weniger stark
schwanken. Ein anderes Beispiel sind Wirtschaftsdaten, in denen langfristige
Trend– und kurzfristige Konjunkturkomponenten vermischt sind. Die mittlere
Spalte in Abbildung 4.20 zeigt die Beträge der Fouriercosinustransformierten
nach (4.71) (oben) und der Fouriersinustransformierten nach (4.73) (unten), die
mit $m = 300$ und $\omega T = 10^{-4}$ berechnet wurden. Die beiden Konstanten ω und

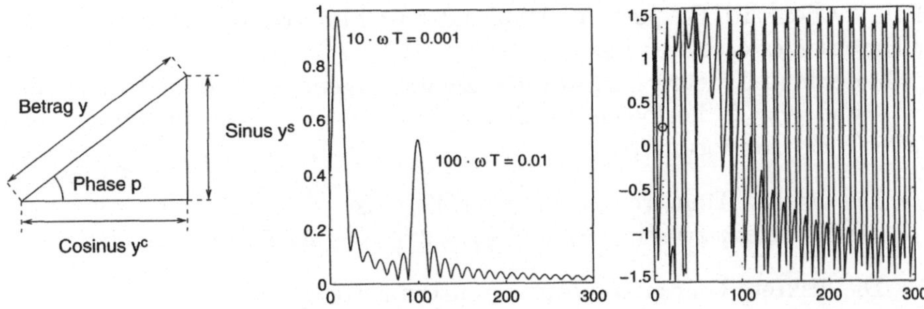

Abbildung 4.21: Zerlegung, Betrag– und Phasenspektrum

T treten hier immer paarweise als Produkt auf, so dass lediglich das Produkt ωT als freier Parameter festgelegt wird. Lokale Maxima beider Transformierten liegen jeweils etwa bei y_{10} und y_{100}. Das Produkt der Indizes mit der Konstanten ωT liefert $\omega_1 = 10 \cdot \omega T = 0.001$ und $\omega_2 = 100 \cdot \omega T = 0.01$, also gerade die Frequenzen der beiden Cosinusterme in X (4.75). Die genauen Werte der Maxima sind $y_9^c = 0.9722$, $y_{98}^c = 0.4313$, $y_{14}^s = 0.7075$ und $y_{103}^s = 0.5104$. Dies entspricht ungefähr den Amplituden der beiden Cosinusterme in X (4.75), besonders bei der Sinustransformation sind die Amplituden jedoch mit großem Fehler behaftet. Die rechte Spalte in Abbildung 4.20 zeigt die Fouriercosinusrücktransformierte nach (4.72) (oben) und die Fouriersinusrücktransformierte nach (4.74) (unten). Die Fouriercosinusrücktransformierte stimmt weitgehend mit den Originaldaten X überein. Der Fehler (gestrichelte Kurve) ist nahe null. Die Fouriersinusrücktransformierte unterscheidet sich dagegen stark von den Originaldaten X (gestrichelte Kurve). Die Fouriercosinustransfomierte y^c und die Fouriersinustransfomierte y^s entsprechen den Katheten eines rechtwinkligen Dreiecks, wie in Abbildung 4.21 dargestellt. Das Fourierbetragsspektrum y ist als Hypothenuse, und das Fourierphasenspektrum p ist als Kathetenwinkel eines solchen Dreiecks definiert.

$$y_l \;=\; \sqrt{(y_l^c)^2 + (y_l^s)^2} \tag{4.76}$$

$$p_l \;=\; \arctan \frac{y_l^s}{y_l^c} \tag{4.77}$$

Das mittlere Diagramm in Abbildung 4.21 zeigt das Fourierbetragsspektrum von X (4.75) nach (4.76). Die lokalen Maxima liegen bei $y_{10} = 0.9784$ und $y_{101} = 0.5261$, geben also Frequenz und Amplitude der beiden Schwingungsterme sehr gut wieder. Das rechte Diagramm in Abbildung 4.21 zeigt das Fourierphasenspektrum von X (4.75) nach (4.77). Die zu den beiden Schwingungstermen gehörenden Phasenwerte $p_{10} = 0.2073$ und $p_{100} = 1.0320$ stimmen ungefähr mit den tatsächlichen Phasenwerten in (4.75) überein. Die Fourieranalyse ist also eine Visualisierungsmethode, die zu einem Datensatz $X \subset \mathbb{R}^p$ ein Betragsspektrum $Y = \{y_1, \ldots, y_m\} \subset \mathbb{R}$ und ein Phasenspektrum $P = \{p_1, \ldots, p_m\} \subset \mathbb{R}$

liefert, aus dem sich Frequenzen, Amplituden und Phasen der spektralen Anteile des Datensatzes erkennen lassen.

Mit der in (4.9) definierten Kovarianzmatrix ergeben sich unter der Annahme $\bar{x} = 0$ und $\bar{y} = 0$ die folgenden alternativen Schreibweisen für die diskreten Fourier(rück)transformierten:

- Die diskrete Fouriercosinustransformierte ist
  die Kovarianz zwischen x_k und $y_k = 2\frac{n-1}{n}\cos kl\omega T$, $k = 1, \ldots, n$.

- Die diskrete Fouriercosinusrücktransformierte ist
  die Kovarianz zwischen $x_l = \frac{n(n-1)\omega T}{\pi}\cos kl\omega T$ und y_l^c, $l = 1, \ldots, m$.

- Die diskrete Fouriersinustransformierte ist
  die Kovarianz zwischen x_k und $y_k = 2\frac{n-1}{n}\sin kl\omega T$, $k = 1, \ldots, n$.

- Die diskrete Fouriersinusrücktransformierte ist
  die Kovarianz zwischen $x_l = \frac{n(n-1)\omega T}{\pi}\sin kl\omega T$ und y_l^s, $l = 1, \ldots, m$.

Kapitel 5

Datenanalyse und Modellierung

Zur automatischen Analyse von Daten werden unter anderem Methoden der Statistik [47, 48, 57], der explorativen Statistik [152], der künstlichen Intelligenz [24], der Mustererkennung [13, 32, 138], der Clusteranalyse [18] und der neuronale Netze [50] eingesetzt. Von besonderer Bedeutung sind Methoden, die *Strukturen* in den Daten analysieren und erkennen. Hierzu gehören Methoden zum automatischen Entwurf von Klassifikatoren sowie Methoden zur Erkennung von Clusterstrukturen. Klassifikatoren oder Clusterstrukturen können hierarchisch oder flach repräsentiert werden, die Klassen– oder Clustergebiete können einfache oder komplexe Formen besitzen und scharf abgegrenzt oder eher unscharf sein. Die Menge der bekannten Klassifikations– und Clusteralgorithmen ist entsprechend vielfältig. Abbildung 5.1 gibt eine Übersicht über die in diesem Kapitel beschriebenen Algorithmen.

5.1 Korrelation

In (2.12) und (4.9) wurde bereits die empirische Kovarianzmatrix C eines Datensatzes $X \subset \mathbb{R}^p$ definiert, deren Einträge c_{ij}, $i, j = 1, \ldots, p$, den Zusammenhang zwischen den Datenkomponenten $x^{(i)}$ und $x^{(j)}$ quantifizieren. Große absolute Werte von c_{ij} deuten auf einen starken Zusammenhang hin, kleine absolute Kovarianzen auf einen schwachen Zusammenhang. Große Varianzen der Datenkomponenten $x^{(i)}$ oder $x^{(j)}$ selbst führen jedoch unabhängig vom Zusammenhang zwischen $x^{(i)}$ und $x^{(j)}$ zu großen Kovarianzen c_{ij}. Diesen Effekt gleicht der *Pearsonsche Korrelationskoeffizient S* durch Normalisierung mit dem Produkt der beiden Standardabweichungen (3.2) aus.

$$s_{ij} = \frac{c_{ij}}{s^{(i)} s^{(j)}} \tag{5.1}$$

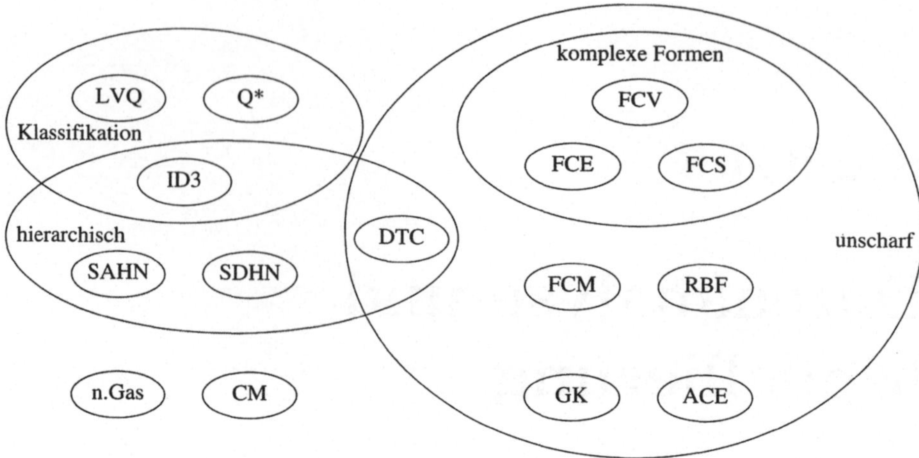

Abbildung 5.1: Einige wichtige Algorithmen zum Klassifikatorentwurf und zur Clusteranalyse

$$
= \frac{\sum\limits_{k=1}^{n} (x_k^{(i)} - \bar{x}^{(i)})(x_k^{(j)} - \bar{x}^{(j)})}{\sqrt{\left(\sum\limits_{k=1}^{n} (x_k^{(i)} - \bar{x}^{(i)})^2 \right) \left(\sum\limits_{k=1}^{n} (x_k^{(j)} - \bar{x}^{(j)})^2 \right)}}
\tag{5.2}
$$

$$
= \frac{\sum_{k=1}^{n} x_k^{(i)} x_k^{(j)} - n\, \bar{x}^{(i)} \bar{x}^{(j)}}{\sqrt{\left(\sum\limits_{k=1}^{n} \left(x_k^{(i)}\right)^2 - n \left(\bar{x}^{(i)}\right)^2 \right) \left(\sum\limits_{k=1}^{n} \left(x_k^{(j)}\right)^2 - n \left(\bar{x}^{(j)}\right)^2 \right)}}
\tag{5.3}
$$

Da die Standardabweichungen gerade den Wurzeln der Diagonalen der Kovarianzmatrix entsprechen ($s^{(i)} = \sqrt{c_{ii}}$) lässt sich (5.1) auch schreiben als

$$
s_{ij} = \frac{c_{ij}}{\sqrt{c_{ii} c_{jj}}}.
\tag{5.4}
$$

Der Wertebereich der Korrelationen ist $s_{ij} \in [-1, 1]$. Absolute Korrelationen nahe eins deuten also auf einen starken, absolute Korrelationen nahe null auf einen schwachen Zusammenhang hin.

In vielen Anwendungen kommt es nicht alleine darauf an, wie groß der Zusammenhang zwischen einzelnen Paaren von Datenkomponenten ist, sondern eher, welche Gruppen von Datenkomponenten miteinander sehr stark zusammenhängen. In mehrstufigen Produktionsprozessen lässt sich so z.B. identifizieren, welche Komponenten vermutlich zum gleichen Prozessschritt gehören und somit für die Analyse dieses Schrittes relevant sind. Eine solche Gruppierung von Datenkomponenten kann mit Hilfe von Korrelationsclustern dargestellt werden (siehe Algorithmus in Abbildung 5.2). Dazu wird jeder Datenkomponente ein

---

1. Gegeben Datensatz $X = \{x_1, \ldots, x_n\} \subset \mathbb{R}^p$, Schwellwert $s_{th} \in [0, 1]$

2. Initialisiere Clusterindizes $c_i = 0$, $i = 1, \ldots, p$,
   Clusternummer $\gamma = 0$, Restkomponenten $z = p$

3. Berechne Korrelationen s_{ij}, $i = 1, \ldots, p$, $j = i + 1, \ldots, p$

4. Sortiere absolute Korrelationen, so dass

$$|s_{i_1 j_1}| \geq |s_{i_2 j_2}| \geq \cdots \geq |s_{i_{\frac{p}{2}(p-1)} j_{\frac{p}{2}(p-1)}}|$$

5. <u>for</u> $k = 1, \ldots, \frac{p}{2}(p-1)$

   - Abbruch, falls $z = 0 \vee |s_{i_k j_k}| \leq s_{th}$
   - <u>if</u> $c_{i_k} = 0 \wedge c_{j_k} = 0$ <u>then</u> $\gamma = \gamma + 1$, $c_{i_k} = \gamma$, $c_{j_k} = \gamma$, $z = z - 2$
   - <u>elsif</u> $c_{i_k} \neq 0 \wedge c_{j_k} = 0$ <u>then</u> $c_{j_k} = c_{i_k}$, $z = z - 1$
   - <u>elsif</u> $c_{i_k} = 0 \wedge c_{j_k} \neq 0$ <u>then</u> $c_{i_k} = c_{j_k}$, $z = z - 1$
   - <u>elsif</u> $c_{i_k} \neq 0 \wedge c_{j_k} \neq 0 \wedge c_{i_k} \neq c_{j_k}$ <u>then</u> $c_l = c_{i_k}$ $\forall l$ mit $c_l = c_{j_k}$
   - Ausgabe: Zugehörigkeitsvektor $c = (c_1, \ldots, c_p)$

Abbildung 5.2: Bestimmung von Korrelationsclustern

Clusterindex c_i, $i = 1, \ldots, p$, zugeordnet, der zunächst mit null initialisiert wird. Die Korrelationsmatrix wird berechnet, und die Einträge der oberen Dreiecksmatrix werden sortiert, damit die Korrelationen in absteigender Reihenfolge bearbeitet werden können. Mit der höchsten Korrelation beginnend wird dann in jedem Schritt eine der folgenden Aktionen durchgeführt:

- Falls beide betrachtete Komponenten noch keinem Cluster angehören, wird ein neues Cluster gebildet und die beiden Komponenten diesem Cluster zugeordnet.

- Falls nur eine der beiden Komponenten schon zu einem Cluster gehört, so wird die andere ebenfalls diesem Cluster zugeordnet.

- Falls beide Komponenten unterschiedlichen Clustern zugeordnet sind, so werden beide Cluster zusammengefasst.

Dieser Algorithmus terminiert, wenn die letzte der p Komponenten einem Cluster zugewiesen wird oder wenn der betrachtete Korrelationswert einen Schwellwert erreicht oder unterschreitet.

Als Beispiel wird ein 15–dimensionaler Datensatz $X = \{x_1, \ldots, x_{100}\} \subset \mathbb{R}^{15}$ betrachtet, dessen erste zehn Komponenten zufällig mit einer Normalverteilung

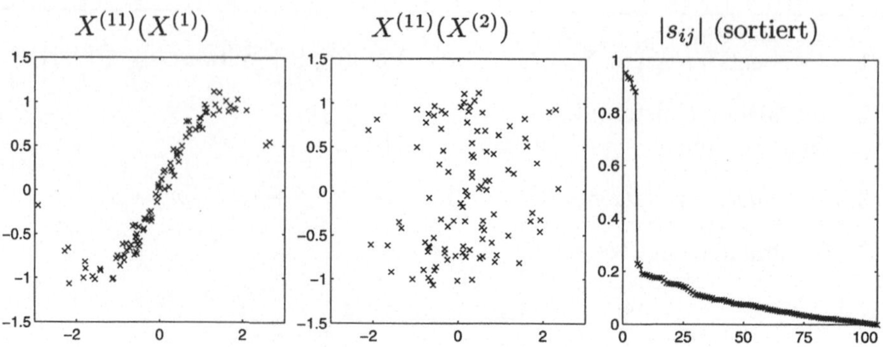

Abbildung 5.3: Sortierte absolute Korrelationen und Streudiagramme

initialisiert werden, dessen 11. Komponente verrauscht sinusförmig von der ersten abhängt, ebenso die 12. von der zweiten, 13. von der dritten, 14. von der vierten und 15. von der fünften. Für alle $k = 1, \ldots, 100$ ist also

$$x_k^{(i)} = \begin{cases} N(0,1) & \text{falls } i = 1, \ldots, 10 \\ \sin(x_k^{(i-10)}) + N(0,0.1) & \text{falls } i = 11, \ldots, 15. \end{cases} \tag{5.5}$$

Abbildung 5.3 (links) zeigt das Streudiagramm $X^{(11)}(X^{(1)})$, das den verrauschten sinusförmigen Zusammenhang zwischen der ersten und der elften Komponente darstellt. Die Streudiagramme $X^{(12)}(X^{(2)})$, $X^{(13)}(X^{(3)})$, $X^{(14)}(X^{(4)})$, $X^{(15)}(X^{(5)})$ und deren Inverse $X^{(1)}(X^{(11)})$ bis $X^{(5)}(X^{(15)})$ sehen ähnlich aus. Alle anderen Streudiagramme ähneln $X^{(11)}(X^{(2)})$ in Abbildung 5.3 (Mitte), d.h. die übrigen Komponenten sind praktisch unabhängig voneinander. Das rechte Diagramm in Abbildung 5.3 zeigt die sortierten absoluten Korrelationen $|s_{ij}|$, $i = 1, \ldots, p$, $j = i + 1, \ldots, p$. Die fünf höchsten Korrelationen zwischen 0.8 und 1 sind $|s_{1\,11}|$, $|s_{2\,12}| \ldots |s_{5\,15}|$. Alle anderen Korrelationen sind wesentlich geringer (kleiner als 0.3). Die einzelnen Zeilen in Tabelle 5.1 zeigen die Inhalte des Clusterindexvektors c in jedem Iterationsschritt bei der Bestimmung von Korrelationsclustern. Zu Beginn ist keine Komponente einem Cluster zugeordnet ($c = (0, \ldots, 0)$). Da $s_{5\,15}$ die betragsmäßig größte vorkommende Korrelation ist, wird in Schritt $k = 1$ Cluster Nummer 1 mit den Komponenten $x^{(5)}$ und $x^{(15)}$ gebildet. In den folgenden vier Schritten werden weitere Cluster mit den Komponentenpaaren $x^{(i)}$ und $x^{(i+10)}$, $i = 1, \ldots, 4$, erzeugt. Die bis dahin betrachtete kleinste absolute Korrelation ist $s_{4\,14} = 0.8793$. Der nächste Korrelationswert (Schritt $k = 6$) ist mit $|s_{2\,4}| = 0.2275$ betragsmäßig wesentlich kleiner. Es werden Cluster Nummer 2 und 5 zusammengefasst. Im Folgenden werden die verbleibenden Komponenten auf die Cluster verteilt und immer wieder Paare von Clustern zusammengefasst, bis schließlich ($k = 22$ bzw. $z = 0$) alle Komponenten zum gleichen Cluster gehören. Um diese Triviallösung zu verhindern, wird die Bestimmung der Korrelationscluster abgebrochen, sobald die absolute Korrelation $|s_{i_k\,j_k}|$ den Schwellwert s_{th} erreicht oder unterschreitet. Sinnvolle Schwellwerte

k	c															
1	0	0	0	0	1	0	0	0	0	0	0	0	0	0	1	
2	0	0	2	0	1	0	0	0	0	0	0	0	2	0	1	
3	0	3	2	0	1	0	0	0	0	0	0	3	2	0	1	
4	4	3	2	0	1	0	0	0	0	0	4	3	2	0	1	$\lvert s_{i_k\,j_k}\rvert$
5	4	3	2	5	1	0	0	0	0	0	4	3	2	5	1	0.8793
6	4	3	2	3	1	0	0	0	0	0	4	3	2	3	1	0.2275
7	4	3	2	3	1	0	6	0	0	6	4	3	2	3	1	
8	4	1	2	1	1	0	6	0	0	6	4	1	2	1	1	
9	4	1	2	1	1	0	1	0	0	1	4	1	2	1	1	
10	4	1	2	1	1	0	1	0	0	1	4	1	2	1	1	
11	4	1	2	1	1	0	1	2	0	1	4	1	2	1	1	
12	1	1	2	1	1	0	1	2	0	1	1	1	2	1	1	
13	1	1	2	1	1	0	1	2	0	1	1	1	2	1	1	
14	1	1	2	1	1	0	1	2	0	1	1	1	2	1	1	
15	1	1	2	1	1	0	1	2	0	1	1	1	2	1	1	
16	1	1	2	1	1	0	1	2	0	1	1	1	2	1	1	
17	1	1	2	1	1	0	1	2	0	1	1	1	2	1	1	
18	1	1	2	1	1	0	1	2	0	1	1	1	2	1	1	
19	1	1	1	1	1	0	1	1	0	1	1	1	1	1	1	
20	1	1	1	1	1	0	1	1	1	1	1	1	1	1	1	
21	1	1	1	1	1	0	1	1	1	1	1	1	1	1	1	
22	1	1	1	1	1	1	1	1	1	1	1	1	1	1	1	$z = 0$

Tabelle 5.1: Korrelationscluster nach den einzelnen Iterationsschritten

liegen für da Beispiel (5.5) in $s_{th} \in [0.2275, 0.8793)$. Das relative große Intervall sinnvoller Schwellwerte zeigt, dass s_{th} kein sehr kritischer Parameter ist. Ein sinnvoller Default–Schwellwert ist $s_{th} = 0.5$.

Korrelationen geben an, wie stark sich die Werte zweier Datenkomponenten ähneln, sie sagen jedoch nichts über einen *kausalen* Zusammenhang zwischen den Datenkomponenten aus. Anhand der Korrelationskoeffizienten kann also nicht festgestellt werden, ob die Änderung einer bestimmten Komponente die Änderung einer bestimmten anderen Komponente verursacht oder ob sie von ihr verursacht wird. Wenn also z.B. eine hohe Korrelation zwischen dem Körperge-wicht und dem Konsum kalorienreduzierter Getränke erkannt wird, so ist ohne weitere Informationen nicht klar, ob nun Menschen zur Gewichtsreduktion solche Getränke wählen, oder ob solche Getränke eine besondere Gewichtszunahme verursachen (*„Drinking diet drinks leads to obesity"*). Innerhalb von Korrelati-onsclustern können darüber hinaus mehrere Komponenten gemeinsam Ursache oder Wirkung einer weiteren Komponente sein, ohne selbst in einem kausalen Zusammenhang miteinander zu stehen. Z.B. führt eine hohe Sonnenscheindauer zu einer erhöhten Waldbrandgefahr und gleichzeitig zu erhöhtem Kornertrag. Alle drei Merkmale sind deshalb stark korreliert, allerdings besteht offensicht-lich kein direkter ursächlicher Zusammenhang zwischen Waldbränden und dem

Kornertrag. Da diese beiden Merkmale dennoch stark korreliert sind, heißt eine solche Korrelation auch *Scheinkorrelation*. Scheinkorrelationen können auch dann auftreten, wenn mehrere Komponenten eines Datensatzes mit Merkmalen in kausalem Zusammenhang stehen, die im Datensatz nicht enthalten sind *(missing inputs)*. Auch in diesem Fall wird eine irreführend hohe Korrelation ermittelt.

Wenn Informationen über die ursächlichen Zusammenhänge in einem Datensatz gegeben sind oder wenn ein Verdacht auf Scheinkorrelationen besteht, so interessiert die Korrelation zwischen Paaren von Datenkomponenten ohne den Einfluss einer oder mehrerer Störkomponenten. Eine solche Korrelation heißt *partielle Korrelation*. Die partielle Korrelation zwischen $x^{(i)}$ und $x^{(j)}$ ohne den Einfluss von $x^{(k)}$ ist

$$s_{ij\backslash k} = \frac{s_{ij} - s_{ik}s_{jk}}{\sqrt{(1 - s_{ik}^2)(1 - s_{jk}^2)}}. \tag{5.6}$$

Die Korrelation unter Ausschluss von zwei Störkomponenten heißt *bipartielle Korrelation*. Die bipartielle Korrelation zwischen $x^{(i)}$ und $x^{(j)}$ ohne den Einfluss von $x^{(k)}$ und $x^{(l)}$ ist

$$s_{i\backslash k, j\backslash l} = \frac{s_{ij} - s_{ik}s_{jk} - s_{il}s_{jl} + s_{ik}s_{kl}s_{jl}}{\sqrt{(1 - s_{ik}^2)(1 - s_{jl}^2)}}. \tag{5.7}$$

Umgekehrt lässt sich die Korrelation einer Komponente mit mehreren Komponenten mit der *multiplen Korrelation* bestimmen. Die Korrelation zwischen $x^{(i)}$ und den Komponenten $x^{(j_1)}, \ldots, x^{(j_q)}$ ist

$$s_{i,(j_1,\ldots,j_q)} = \sqrt{(s_{ij_1} \ldots s_{ij_q}) \cdot \begin{pmatrix} 1 & s_{j_2j_1} & \ldots & s_{j_1j_q} \\ s_{j_1j_2} & 1 & \ldots & s_{j_2j_q} \\ \vdots & \vdots & \ddots & \vdots \\ s_{j_1j_q} & s_{j_2j_q} & \ldots & 1 \end{pmatrix}^{-1} \cdot \begin{pmatrix} s_{ij_1} \\ s_{ij_2} \\ \vdots \\ s_{ij_q} \end{pmatrix}} \tag{5.8}$$

Für den Sonderfall $q = 1$ wird die multiple Korrelation zum Betrag der gewöhnlichen Korrelation.

$$s_{i,(j_1)} = |s_{ij_1}| \tag{5.9}$$

Für $q = 2$ ergibt sich beispielsweise

$$s_{i,(j_1,j_2)} = \sqrt{\frac{s_{ij_1}^2 + s_{ij_2}^2 - 2s_{ij_1}s_{ij_2}s_{j_1j_2}}{1 - s_{j_1j_2}^2}}. \tag{5.10}$$

5.2 Regression

Durch Korrelationen wird quantifiziert, wie stark der Zusammenhang zwischen einzelnen Komponenten ist. Im Unterschied dazu bestimmt die *Regression* eine Schätzung für den funktionalen Zusammenhang zwischen diesen Komponenten. Hierzu werden die Parameter eines Funktionsprototyps so bestimmt, dass der mittlere quadratische Fehler der Funktionsapproximation minimiert wird. Die *lineare* Regression bestimmt einen linearen Zusammenhang zwischen den Komponenten $x^{(i)}$ und $x^{(j)}$, $i, j = 1, \ldots, p$, in der Form

$$x_k^{(i)} \approx a + b(x_k^{(j)} - \bar{x}^{(j)})$$ (5.11)

Die quadratische Fehlerfunktion zur Bestimmung der Parameter a und b lautet

$$E = \frac{1}{n} \sum_{k=1}^{n} \left(x_k^{(i)} - a - b(x_k^{(j)} - \bar{x}^{(j)}) \right)^2.$$ (5.12)

Die notwendigen Kriterien für (lokale) Extrema von E sind

$$\frac{\partial E}{\partial a} = -\frac{2}{n} \sum_{k=1}^{n} \left(x_k^{(i)} - a - b(x_k^{(j)} - \bar{x}^{(j)}) \right) = 0,$$ (5.13)

$$\frac{\partial E}{\partial b} = -\frac{2}{n} \sum_{k=1}^{n} (x_k^{(j)} - \bar{x}^{(j)}) \left(x_k^{(i)} - a - b(x_k^{(j)} - \bar{x}^{(j)}) \right) = 0.$$ (5.14)

Kleinere Umformungen liefern die Lösung

$$a = \bar{x}^{(i)},$$ (5.15)

$$b = \frac{\sum_{k=1}^{n} (x_k^{(i)} - \bar{x}^{(i)})(x_k^{(j)} - \bar{x}^{(j)})}{\sum_{k=1}^{n} (x_k^{(i)} - \bar{x}^{(i)})^2} = \frac{c_{ij}}{c_{ii}}.$$ (5.16)

Aus dem Mittelwertvektor und der Kovarianzmatrix des Datensatzes X lassen sich also ohne iteratives Optimierungsverfahren unmittelbar die Parameter der linearen Regressionsfunktionen zwischen allen Komponenten in X bestimmen.

Anstelle des mittleren quadratischen Fehlers (5.12) lässt sich auch der Median des quadratischen Fehlers oder der *getrimmte mittlere quadratische Fehler (least trimmed squares, LTS)* [111]

$$E = \frac{1}{m} \sum_{k=1}^{m} e_k^2, \quad m \in \{1, \ldots, n\},$$ (5.17)

verwenden, wobei die Regressionsfehler

$$e_l = x_k^{(i)} - a - b(x_k^{(j)} - \bar{x}^{(j)}), \quad k, l \in \{1, \ldots, n\},$$ (5.18)

so sortiert werden, dass

$$e_1' \leq e_2' \leq \ldots \leq e_n',$$ (5.19)

d.h. für $m = n$ entspricht LTS dem mittleren quadratischen Fehler, und für $m = 1$ wird nur der Datenpunkt mit dem kleinsten Fehler berücksichtigt. Mit LTS lässt sich eine robustere Regression erreichen, die weniger von Ausreißern verfälscht wird.

Bei der *nichtlinearen* Regression wird eine (nichtlineare) Funktion f so gewählt, dass der der (nichtlineare) Zusammenhang zwischen $x^{(i)}$ und $x^{(j)}$ als linearer Zusammenhang zwischen $x^{(i)}$ und $f(x^{(j)})$ geschrieben werden kann. Es werden also die Parameter a und b so geschätzt, dass

$$x_k^{(i)} \approx a + b\left(f(x_k^{(j)}) - \frac{1}{n}\sum_{\kappa=1}^{n} f(x_\kappa^{(j)}) \right). \tag{5.20}$$

Mit der Substitution $f_k = f(x_k^{(j)})$ entspricht dies der Gleichung der linearen Regression (5.11). Die Lösung (mit mittlerem quadratischen Fehler) lautet daher analog zu (5.15) und (5.16):

$$a = \bar{x}^{(i)}, \tag{5.21}$$

$$b = \frac{\sum_{k=1}^{n}(x_k^{(i)} - \bar{x}^{(i)})(f_k - \bar{f})}{\sum_{k=1}^{n}(x_k^{(i)} - \bar{x}^{(i)})^2} = \frac{\operatorname{cov}(x^{(i)}, f(x^{(j)}))}{c_{ii}}. \tag{5.22}$$

Parameter innerhalb der Funktion f, wie z.B. der Parameter c in $f(x) = \sqrt{c+x}$, können mit der nichtlinearen Regression aber in der Regel nicht geschätzt werden. In bestimmten Fällen, wie z.B. bei $f(x) = \log(c+x) = c \cdot \log(x)$, lässt sich der Parameter allerdings aus der Funktion herausziehen.

Ein linearer Zusammenhang zwischen $x^{(i)}$ und mehreren anderen Komponenten $x^{(j_1)}, \ldots, x^{(j_m)}$ wird mit der *multiplen linearen* Regression bestimmt, indem die Parameter a und b der folgenden Näherung geschätzt werden.

$$x_k^{(i)} \approx a + \sum_{l=1}^{m} b_l(x_k^{(j_l)} - \bar{x}^{(j_l)}) \tag{5.23}$$

Der mittlere quadratische Fehler zur Parameterschätzung lautet hier

$$E = \frac{1}{n}\sum_{k=1}^{n}\left(x_k^{(i)} - a - \sum_{l=1}^{m} b_l(x_k^{(j_l)} - \bar{x}^{(j_l)}) \right)^2. \tag{5.24}$$

Die notwendigen Kriterien für (lokale) Extrema von E sind

$$\frac{\partial E}{\partial a} = -\frac{2}{n}\sum_{k=1}^{n}\left(x_k^{(i)} - a - \sum_{l=1}^{m} b_l(x_k^{(j_l)} - \bar{x}^{(j_l)}) \right) = 0, \tag{5.25}$$

$$\frac{\partial E}{\partial b_l} = -\frac{2}{n}\sum_{k=1}^{n}(x_k^{(j_l)} - \bar{x}^{(j_l)})\left(x_k^{(i)} - a - \sum_{\lambda=1}^{m} b_\lambda(x_k^{(j_\lambda)} - \bar{x}^{(j_\lambda)}) \right) = 0 \tag{5.26}$$

für alle $l = 1, \ldots, m$. Für den Parameter a folgt daraus wieder

$$a = \bar{x}^{(i)}. \tag{5.27}$$

Die Parameter b_l, $l = 1, \ldots, m$, ergeben sich aus dem linearen Gleichungssystem

$$\sum_{\lambda=1}^{m} b_\lambda \sum_{k=1}^{n} (x_k^{(j_\lambda)} - \bar{x}^{(j_\lambda)})(x_k^{(j_l)} - \bar{x}^{(j_l)}) = \sum_{k=1}^{n} (x_k^{(i)} - \bar{x}^{(i)})(x_k^{(j_l)} - \bar{x}^{(j_l)}) \quad (5.28)$$

$$\Leftrightarrow \sum_{\lambda=1}^{m} c_{j_\lambda j_l} b_\lambda = c_{i\,j_l}. \quad (5.29)$$

Die *multiple nichtlineare* Regression kann analog zur einfachen nichtlinearen Regression durch die Substitution $x_k^{(j_l)} = f_k^{(l)}$, $l = 1, \ldots, m$, aus der multiplen linearen Regression abgeleitet werden.

Beispiel

Als Beispiel zur multiplen linearen Regression dient der Datensatz

$$X = \begin{pmatrix} 6 & 4 & -2 \\ 2 & 1 & -1 \\ 0 & 0 & 0 \\ 0 & 1 & 1 \\ 2 & 4 & 2 \end{pmatrix}, \quad (5.30)$$

für den ein linearer Zusammenhang zwischen der Komponente $x^{(1)}$ und den Komponenten $x^{(2)}$ und $x^{(3)}$ gesucht wird.

$$x_k^{(1)} \approx a + b_1(x_k^{(2)} - \bar{x}^{(2)}) + b_2(x_k^{(3)} - \bar{x}^{(3)}) \quad (5.31)$$

Die Mittelwerte der einzelnen Komponenten lauten

$$\bar{x}^{(1)} \;=\; \frac{6+2+2}{5} = 2 = a, \quad (5.32)$$

$$\bar{x}^{(2)} \;=\; \frac{4+1+1+4}{5} = 2, \quad (5.33)$$

$$\bar{x}^{(3)} \;=\; \frac{-2-1+1+2}{5} = 0. \quad (5.34)$$

Die Kovarianzmatrix von X ist

$$C = \begin{pmatrix} 6 & 3.5 & -2.5 \\ 3.5 & 3.5 & 0 \\ -2.5 & 0 & 2.5 \end{pmatrix}. \quad (5.35)$$

Das lineare Gleichungssystem zur Bestimmung der Parameter b_1 und b_2 lautet

$$c_{22}b_1 + c_{32}b_2 \;=\; c_{12}, \quad (5.36)$$

$$c_{23}b_1 + c_{33}b_2 \;=\; c_{13}, \quad (5.37)$$

$$(5.36) \;\Leftrightarrow\; 3.5\,b_1 \;=\; 3.5 \;\Leftrightarrow\; b_1 = 1, \quad (5.38)$$

$$(5.37) \;\Leftrightarrow\; 2.5\,b_2 \;=\; -2.5 \;\Leftrightarrow\; b_2 = -1. \quad (5.39)$$

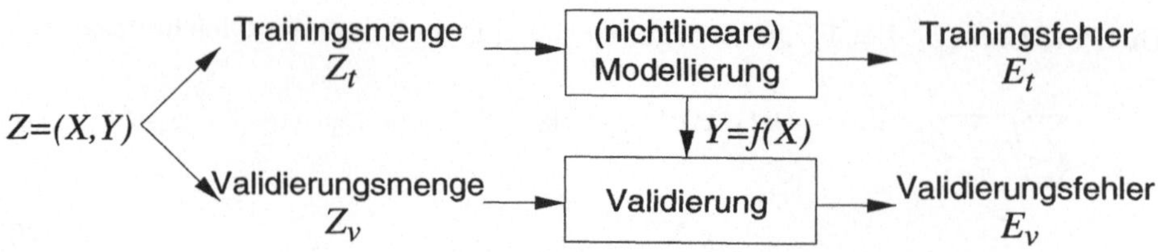

Abbildung 5.4: Modellierung und Validierung

Die gesuchte multiple lineare Funktion für X lautet also

$$x_k^{(1)} \approx 2 + (x_k^{(2)} - 2) - (x_k^{(3)} - 0) = x_k^{(2)} - x_k^{(3)}. \qquad (5.40)$$

Einsetzen der Daten aus X (5.30) in die Funktion (5.40) zeigt, dass der Approximationsfehler E in diesem Beispiel sogar null ist, d.h. alle Datenvektoren liegen exakt auf der durch die Funktion beschriebenen Ebene. Dies ist ein Sonderfall; in der Regel ist der Regressionsfehler $E > 0$.

5.3 Modellierung und Validierung

Die in Abschnitt 5.1 beschriebenen Korrelationen quantifizieren, wie stark einzelne Datenkomponenten miteinander zusammenhängen. Im Gegensatz zu den nichtlineare Regressionsmethoden aus dem vorigen Abschnitt berücksichtigen die Korrelationen aber nur *lineare* Zusammenhänge zwischen den Datenkomponenten. Die sinusförmigen Zusammenhänge im Datensatz (5.5) wurden nur deshalb erkannt, weil sie sich für den Bereich um null näherungsweise linear verhalten, denn die Sinusfunktion lässt sich als Taylor–Reihe

$$\sin x \;=\; \sum_{n=1}^{\infty} (-1)^n \frac{x^{2n+1}}{(2n+1)!} = x - \frac{x^3}{3!} + \frac{x^5}{5!} - + \dots \qquad (5.41)$$

$$\approx \; x \quad \text{für } x \approx 0 \qquad (5.42)$$

schreiben. Der näherungsweise lineare Charakter wird auch aus Abbildung 5.3 (links) deutlich. In vielen Anwendungen hängen die einzelnen Datenkomponenten jedoch stark nichtlinear zusammen, d.h. die Zusammhänge können nicht als näherungsweise linear betrachtet werden. In diesem Fall liefern die Korrelationsmaße aus Abschnitt 5.1 nur unzureichende Ergebnisse. Zur Untersuchung der nichtlinearen Zusammenhänge zwischen Datenkomponenten ist die Datenanalyse durch nichtlineare Modellierung und Validierung wesentlich besser geeignet. Das Schema der Modellierung und Validierung ist in Abbildung 5.4 gezeigt. Um den Einfluss der Datenkomponenten $x^{(i_1)}, \dots, x^{(i_r)}$ auf die Komponenten $x^{(o_1)}, \dots, x^{(o_s)}$, $r, s, i_1, \dots, i_r, o_1, \dots, o_s \in \{1, 2, \dots, p\}$, zu untersuchen, wird ein Datensatz $Z = \{x^{(i_1)}, \dots, x^{(i_r)}, x^{(o_1)}, \dots, x^{(o_s)}\}$ gebildet, dessen erste r Komponenten die Eingangsgrößen und die weiteren s Komponenten die Ausgangsgrößen darstellen. Der Datensatz $Z = \{z_1, \dots, z_n\}$ wird in zwei disjunkte

Teilmengen $Z_t \subset X$ und $Z_v \subset X$, $Z_t \cup Z_v = X$, $Z_t \cap Z_v = \{\}$, zerlegt, von denen eine zur Modellierung (Training) und die andere zur Validierung verwendet wird. Z_t heißt deshalb auch *Trainingsmenge*, und Z_v heißt *Validierungsmenge*.

Zur Modellierung eignet sich eine beliebige Methode zur Funktionsapproximation aus Daten, z.B. ein mehrschichtiges Perzeptron nach Abschnitt 4.4 oder die nichtlineare Regression nach Abschnitt 5.2. Mit Hilfe dieser Methode wird für den Trainingsdatensatz Z_t eine Funktion $f : \mathbb{R}^r \to \mathbb{R}^s$ gelernt, so dass für jeden Vektor $z_t \in Z_t$ aus dem Eingangsteilvektor $x_t = z_t^{(1,\ldots,r)}$ näherungsweise der Ausgangsteilvektor $y_t = z_t^{(r+1,\ldots,r+s)}$ rekonstruiert wird ($y_t \approx f(x_t)$). Als Trainingsfehler kann z.B. der mittlere quadratischer Fehler

$$E_t = \frac{1}{\|Z_t\|} \sum_{(x_t,y_t)\in Z_t} (y_t - f(x_t)) \qquad (5.43)$$

berechnet werden. Beim Training kann es zu einer *Spezialisierung (Overfitting)* des Modells auf den Trainingsdatensatz Z_t kommen, indem die Ein–Ausgangs–Wertepaare geradezu auswendig gelernt werden, nicht aber der zugrundeliegende funktionale Zusammenhang. Im Extremfall könnte der Trainingsalgorithmus einfach eine Wertetabelle zu Z_t anlegen und dann zu jedem Eingangsvektor den Ausgangsvektor des entsprechenden Tabelleneintrags ausgeben. Der Trainingsfehler wäre in diesem Falle null, allerdings würde dieses Modell für Eingangsvektoren x_v, die nicht im Trainingsdatensatz Z_t enthalten sind, keinen oder nur einen unsinnigen Ausgangsvektor ausgeben. Bestimmt das Modell dagegen auch für x_v ein sinnvolles Ergebnis y_v, so wird dies als *Generalisierung* bezeichnet. Um die Güte der Generalisierung zu quantifizieren, wird der Validierungsfehler (oder Generalisierungsfehler) berechnet, also der Fehler des Modell f (das mit Z_t trainiert wurde) für den Validierungsdatensatz Z_v. Der mittlere quadratische Validierungsfehler ist

$$E_v = \frac{1}{\|Z_v\|} \sum_{(x_v,y_v)\in Z_v} (y_v - f(x_v)). \qquad (5.44)$$

Meist ist $E_v > E_t$, um die Gefahr der Spezialisierung zu verringern, sollten E_v und E_t jedoch in der gleichen Größenordnung liegen.

Häufig verwendete Methoden zur Aufteilung des Datensatzes Z in Trainingsmenge Z_t und Valisierungsmenge Z_v sind:

- *Leave–One–Out*: Für alle $k = 1,\ldots,n$ wird bei der Leave–One–Out–Methode $Z_v = \{z_k\}$, $Z_t = Z \backslash Z_v$ gewählt, das Modell $Y = f(X)$ mit Z_t trainiert und anschließend der Validierungsfehler $E_{v\,k}$ für f mit Z_v bestimmt. Ein Maß für die Modellgüte ist der mittlere Validierungsfehler

$$E_v = \frac{1}{n} \sum_{k=1}^{n} E_{v\,k}. \qquad (5.45)$$

- m–fache *Cross-Validierung* benutzt Validierungsmengen Z_v mit jeweils m Vektoren ($\|Z_v\| = m$). Diese können z.B. m aufeinander folgende Vektoren sein ($Z_v = \{z_i, \ldots, z_{i+m}\}$, $i \in \{1, \ldots, n - m\}$), feste Abstände besitzen ($Z_v = \{z_i, z_{i+\lfloor n/m \rfloor} \ldots, z_{i+(m-1)\cdot\lfloor n/m \rfloor}\}$, $i \in \{1, \ldots, \lfloor n/m \rfloor - 1\}$), oder zufällig gewählt werden.

- *Leave–m–Out* benutzt *alle* $Z_v \subset Z$ mit $\|Z_v\| = m$. Es werden also alle $\binom{n}{m}$ möglichen Kombinationen aus Trainings– und Validierungsmengen durchlaufen. Da für jeden Durchlauf ein komplettes Training des Funktionsapproximators durchgeführt werden muss, ist diese Methode nur für kleine Werte von m (bzw. $n - m$) praktikabel.

Der Validierungsfehler, der mit Hilfe einer solchen Methode berechnet wird, gibt an, mit welcher Genauigkeit die Ausgangskomponenten $x^{(o_1)}, \ldots, x^{(o_s)}$ bestimmt werden können, wenn nur die Eingangskomponenten $x^{(i_1)}, \ldots, x^{(i_r)}$ bekannt sind. Der Validierungsfehler E_v ist also ein Maß für den Einfluss der Datenkomponenten $x^{(i_1)}, \ldots, x^{(i_r)}$ auf die Komponenten $x^{(o_1)}, \ldots, x^{(o_s)}$. Über die Quantifizierung der Stärke dieses nichtlinearen Zusammenhangs hinaus liefert diese Methode außerdem auch eine Funktion f in Form des trainierten Modells, die diesen Zusammenhang funktional beschreibt. Das Training des Modells kann also als nichtlineare Regressionsanalyse und die Validierung als nichtlineare Korrelationsanalyse aufgefasst werden.

5.4 Klassifikation

Bisher wurden zwei Arten numerischer Objektdatensätze betrachtet: gewöhnliche Datensätze

$$X = \{x_1, \ldots, x_n\} \subset \mathbb{R}^p \tag{5.46}$$

und Ein–Ausgangs–Datensätze, bei denen jeder Vektor eine Konkatenation aus einem p–dimensionalen Eingangsvektor und einem q–dimensionalen Ausgangsvektor eines Systems darstellt.

$$X = \{x_1, \ldots, x_n\} \subset \mathbb{R}^{p+q} \tag{5.47}$$

Nun werden diese Objektdatensätze so erweitert, dass jeder Datenvektor einer von c Klassen angehört, $c \in \{2, 3, \ldots\}$. Beispiel: In der Datenbank eines Warenhauses sind zu jedem Artikel die Einkaufs– und Verkaufspreise sowie die Nummer der entsprechenden Abteilung (z.B. „*Lebensmittel*"= 1 und „*Elektro*"= 2) gespeichert. Jeder Artikel ist diesem Datensatz ist also ein zweidimensionaler reellwertiger Vektor mit den beiden Komponenten Ein– und Verkaufspreis. Zusätzlich ist jeder Vektor einer Klasse zugeordnet, die durch die Nummer der Abteilung festgelegt ist. Formal kann die Klassennummer einfach als eine weitere Komponente des Datensatzes mit diskretem Wertebereich betrachtet werden.

$$X = \{x_1, \ldots, x_n\} \subset \mathbb{R}^p \times \{1, \ldots, c\} \tag{5.48}$$

Die Datenanalyse kann dann im Prinzip genau wie in den vorherigen Abschnitten beschrieben erfolgen. Dabei muss allerdings berücksichtigt werden, dass die

Klassennummer eine nominalskalierte Größe ist. Es ist also für die $(p+1)$-te Komponente keine Ordnung der Klassen definiert, so dass Additionen oder Multiplikationen von Klassennummern keinen Sinn ergeben. Zur Berücksichtigung der Klasseninformation werden daher einige spezielle Methoden der Datenanalyse benutzt, die in diesem und den beiden folgenden Abschnitten beschrieben sind.

Es wird hier angenommen, dass die Datenvektoren $X^{(1,...,p)}$ typische Beispiele für die Elemente der jeweiligen Klassen darstellen. Jede Klasse wird also durch die zugehörigen Datenvektoren spezifiziert. Mit Hilfe des Datensatzes X kann also versucht werden, eine Funktion $f : \mathbb{R}^p \to \{1,...,c\}$ zu bestimmen, die zu jedem Datenvektor die korrekte Klasse liefern soll. Die Anwendung einer solchen Funktion wird auch *Klassifikation* genannt, die Bestimmung der Klassifikationsfunktion aus dem Datensatz X heißt *Klassifikatorentwurf*. Der Klassifikatorentwurf weist große Ähnlichkeit zum Entwurf von Funktionsapproximatoren aus Abschnitt 5.3 auf. Auch beim Klassifikatorentwurf ist es notwendig, den Datensatz in eine Trainings– und Validierungsmenge aufzuteilen, um die generalisierende Klassifikatorgüte bestimmen zu können, mit der sich eine Spezialisierung vermeiden lässt.

Eine häufig verwendete Klassifikationsfunktion ist der *Nächste–Nachbar–Klassifikator*, der eine Menge

$$V = \{v_1, ..., v_m\} \subset \mathbb{R}^p \times \{1, ..., c\} \qquad (5.49)$$

von $m = \{2, 3, ...\}$ klassifizierten Repräsentanten oder *Prototypen* benutzt. Zu jedem zu klassifizierenden Eingangsvektor $\xi \in \mathbb{R}^p$ wird der nächste Nachbar v_i so bestimmt, dass

$$\|\xi - v_i^{(1,...,p)}\| = \min_{j=1,...,m} \|\xi - v_j^{(1,...,p)}\| \qquad (5.50)$$

und die entsprechende Klasse $v_i^{(p+1)}$ als Klasse von ξ ausgegeben. Eine Modifikation dieser Methode ist der *Nächste-k-Nachbarn-Klassifikator*, der die Klasseninformationen nicht nur des nächsten Nachbarn, sondern der k nächsten Nachbarn berücksichtigt, und z.B. den Modalwert der entsprechenden k Klassen ausgibt.

Soll der Nächste-$(k-)$Nachbar(n)-Klassifikator eingesetzt werden, so müssen geeignete Repräsentanten V aus X bestimmt werden. Zwei bekannte Methoden hierzu sind die *lernende Vektorquantisierung (LVQ)* (Abbildung 5.5) [68, 69] und der *Q^*-Algorithmus* (Abbildung 5.6) [107, 108]. LVQ benutzt pro Klasse genau einen Repräsentanten $v_i \in \mathbb{R}^p$, $i = 1, ..., c$. Die Menge $V = \{v_1, ..., v_c\}$ dieser Repräsentanten wird zu Beginn zufällig initialisiert. Für jeden Datenvektor $x_k^{(1,...,p)}$ wird dann der nächste Nachbar $v_i \in V$ bestimmt. Falls der Vektor $x_k^{(1,...,p)}$ zur Klasse von v_i gehört, so wird der Gewinnerprototyp in Richtung $x_k^{(1,...,p)}$ verschoben, ansonsten wird er in die entgegengesetzte Richtung (von $x_k^{(1,...,p)}$ weg) verschoben. Wie weit der Gewinnerprototyp verschoben wird, legt die monoton fallende Gewichtsfunktion $\alpha : \{1, 2, ...\} \to (0, 1)$ fest. Im Laufe der Iterationen werden dadurch die Veränderungen der Prototypen immer geringer, bis schließlich ein geeignetes Abbruchkriterium erfüllt ist.

1. Gegeben klassifizierter Datensatz $X = \{x_1, \ldots, x_n\} \subset \mathbb{R}^p \times \{1, \ldots, c\}$, Klassenanzahl $c \in \{2, \ldots, n-1\}$, Gewichtsfunktion $\alpha(t)$

2. Initialisiere $V = \{v_1, \ldots, v_c\} \subset \mathbb{R}^p$, $t = 1$

3. <u>for</u> $k = 1, \ldots, n$

    (a) Bestimme Gewinnerprototypen $v_i \in V$ so, dass

$$\|x_k^{(1,\ldots,p)} - v_i\| \le \|x_k^{(1,\ldots,p)} - v\| \quad \forall v \in V$$

    (b) Verschiebe Gewinnerprototypen

$$v_i = \begin{cases} v_i + \alpha(t)(x_k^{(1,\ldots,p)} - v_i) & \text{falls } x_k^{(p+1)} = i \\ v_i - \alpha(t)(x_k^{(1,\ldots,p)} - v_i) & \text{sonst} \end{cases}$$

4. $t = t + 1$

5. Wiederhole ab (3.), bis Abbruchkriterium erreicht

6. Ausgabe: Referenzvektoren $V = \{v_1, \ldots, v_c\} \subset \mathbb{R}^p$

Abbildung 5.5: Lernende Vektorquantisierung

Im Gegensatz zu LVQ verwendet Q* pro Klasse eine *Menge V_i* $\subset \mathbb{R}^p$ von Repräsentanten und zusätzlich eine *Menge S_i* $\subset \mathbb{R}^p$ von Beispielen, $i = 1, \ldots, c$. Die Mengen der Repräsentanten werden zu Beginn jeweils mit einem zufällig gewählten Vektor initialisiert, und die Beispielmengen sind zu Beginn alle leer. Analog zu LVQ wird dann für jeden Datenvektor $x_k^{(1,\ldots,p)}$ der nächste Nachbar $v_{ij} \in V_1 \cup \ldots \cup V_c$ bestimmt. Im Gegensatz zu LVQ wird der Gewinnerprototyp jedoch nicht modifiziert. Bei richtiger Klassifikation wird der Datenvektor $x_k^{(1,\ldots,p)}$ als weiteres Beispiel für den Repräsentanten v_{ij} zur Beispielmenge S_{ij} hinzugenommen. Bei falscher Klassifikation wird aus $x_k^{(1,\ldots,p)}$ dagegen ein neuer Repräsentant für die Klasse $x_k^{(p+1)}$ gebildet, d.h. $x_k^{(1,\ldots,p)}$ wird der Repräsentantenmenge $V_{x^{(p+1)}}$ hinzugefügt. Eine Modifikation der Prototypen erfolgt bei Q* erst, wenn alle Daten $x_k \in X$ auf diese Weise durchlaufen wurden. Dann werden nämlich die Prototypen als Mittelwert aller entsprechenden Beispielvektoren gebildet. Dieser Vorgang wird bis zur Erfüllung einer geeigneten Abbruchbedingung wiederholt.

Beide Algorithmen, LVQ und Q*, liefern zu einem klassifizierten Datensatz $X = \{x_1, \ldots, x_n\} \subset \mathbb{R}^p \times \{1, \ldots, c\}$ eine Menge von (Mengen von) Klassenrepräsentanten. Diese Repräsentanten können als Grundlage eines Klassifikators dienen, der die Klassen unklassifizierter Vektoren $\xi \in \mathbb{R}^p$ bestimmen kann (z.B.

1. Gegeben klassifizierter Datensatz $X = \{x_1, \ldots, x_n\} \subset \mathbb{R}^p \times \{1, \ldots, c\}$, Klassenanzahl $c \in \{2, \ldots, n-1\}$

2. Initialisiere $V = \{V_1, \ldots, V_c\}$, $V_i = \{v_{i1}\} \subset \mathbb{R}^p$, $i = 1, \ldots, c$, $S = \{S_{11}, S_{12}, \ldots, \ldots, S_{c1}, S_{c2}, \ldots\}$, $S_{ij} = \{\} \subset \mathbb{R}^p$, $i = 1, \ldots, c$, $j = 1, 2, \ldots$

3. <u>for</u> $k = 1, \ldots, n$

    (a) Bestimme Gewinnerprototypen $v_{ij} \in \bigcup V = V_1 \cup \ldots \cup V_c$ so, dass

$$\|x_k^{(1,\ldots,p)} - v_{ij}\| \leq \|x_k^{(1,\ldots,p)} - v\| \quad \forall v \in \bigcup V$$

    (b) <u>if</u> $x_k^{(p+1)} = i$, (x_k richtig klassifiziert)
    <u>then</u> $S_{ij} = S_{ij} \cup \{x_k\}$ <u>else</u> $V_{x_k^{(p+1)}} = V_{x_k^{(p+1)}} \cup \{x_k^{(1,\ldots,p)}\}$

4. <u>for</u> $v_{ij} \in V$ (alle Prototypen v_{ij} durch Mittelwert von S_{ij} ersetzen)
<u>if</u> $S_{ij} \neq \{\}$, <u>then</u> $v_{ij} = \mathrm{mean}(S_{ij})$, $S_{ij} = \{\}$

5. Wiederhole ab (3.), bis Abbruchkriterium erreicht.

6. Ausgabe: Referenzvektoren $V = \{V_1, \ldots, V_c\}$, $V_i \subset \mathbb{R}^p$, $i = 1, \ldots, c$

Abbildung 5.6: Der Q*–Algorithmus

Nächster–Nachbar–Klassifikator). Aber auch für die reine Datenanalyse sind diese Repräsentanten sehr interessant, denn sie sind typische Spezifikationen der einzelnen Klassen. Im obigen Beispiel des Warenhausdatensatzes liefern die Repräsentanten die in Bezug auf die Ein– und Verkaufspreise typischen Produkte der einzelnen Abteilungen und dienen damit zur Analyse des Produktspektrums. Eine Modifikation von LVQ verwendet unscharfe Klassenzugehörigkeiten zwischen null und eins. Diese *unscharfe lernende Vektorquantisierung (Fuzzy LVQ, FLVQ)* ist in [96] beschrieben.

5.5 Entscheidungsbäume

Klassifikatoren, die mit Repräsentanten arbeiten, wie der Nächste–Nachbar–Klassifikator betrachten stets alle p Komponenten der Repräsentanten gleichzeitig. In einigen Fällen lässt sich jedoch eine viel einfachere und übersichtlichere Klassifikation erreichen, wenn einzelne Komponenten in der Reihenfolge der Wichtigkeit überprüft und so die Kandidaten für die gesuchte Klasse immer mehr eingeschränkt werden. Ein solcher Klassifikator hat eine hierarchische Struktur, im Gegensatz zur flachen Struktur der Klassifikatoren aus dem vorigen

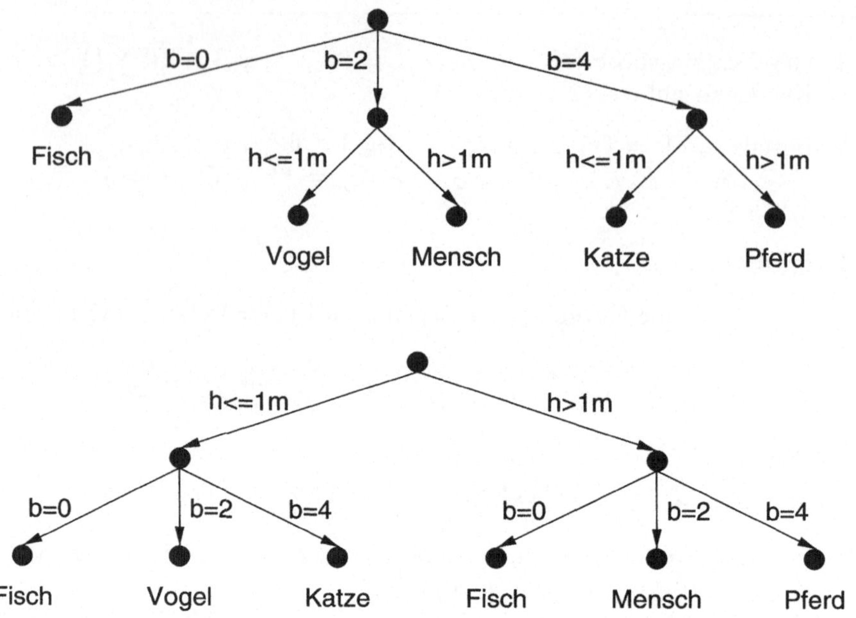

Abbildung 5.7: Zwei (funktional) äquivalente Entscheidungsbäume

Abschnitt. Hierarchische Klassifikatoren lassen sich mit Entscheidungsbäumen darstellen. Abbildung 5.7 zeigt zwei äquivalente Entscheidungsbäume für den (funktional) gleichen Klassifikator. Beide Klassifikatoren erhalten den zweidimensionalen Merkmalsvektor $\xi = (b, h)$ eines Lebewesens, wobei $b \in \{0, 2, 4\}$ die Anzahl der Beine und $h > 0$ die Körpergröße (in Metern) ist. Aus dem Merkmalsvektor soll die Art des Lebewesens klassifiziert werden, also festgestellt werden, ob das Lebewesen ein Fisch, Vogel, Mensch, Katze oder Pferd ist. Ein Klassifikator mit Repräsentanten würde für dieses Beispiel die Merkmalsvektoren von typischen Fischen, Vögeln usw. speichern und gemäß der Ähnlichkeit von ξ mit den gespeicherten Merkmalsvektoren klassifizieren. Die beiden Entscheidungsbäume betrachten dagegen nacheinander die einzelnen Komponenten des Merkmalsvektors. Im oberen Entscheidungsbaum wird zunächst das Merkmal b geprüft. Im Falle $b = 0$ ist die Klasse (Fisch) bereits bestimmt, ohne dass das Merkmal h betrachtet werden muss. In den Fällen $b = 2$ und $b = 4$ wird jeweils der Bereich möglicher Klassen eingeschränkt (Vogel oder Mensch bzw. Katze oder Pferd), es liegt also bereits nach Prüfung eines einzigen Merkmals ein Informationsgewinn vor. Zur genauen Festlegung der entsprechenden Klasse ist jedoch für $b \neq 0$ eine zusätzliche Prüfung des Merkmals h erforderlich.

Im unteren Entscheidungsbaum wird zuerst das Merkmal h geprüft. Dadurch ist noch keine eindeutige Klassifikation möglich, aber der Informationsgewinn besteht darin, dass das Lebewesen Fisch, Vogel oder Katze (bzw. Fisch, Mensch oder Pferd) sein muss. Auch hier ist zur genauen Klassifikation eine weitere

Merkmalsprüfung notwendig.

Welcher der beiden Entscheidungsbäume ist besser? Die Traversierung des Entscheidungsbaumes liefert die Information der Klassenzugehörigkeit. An jedem Knoten des Entscheidungsbaumes wird eine bestimmte Menge $X \subset \mathbb{R}^p \times \{1, \ldots, c\}$ betrachtet, die alle an diesem Knoten möglichen Vektoren enthält. Jede Klasse kommt mit einer gewissen Wahrscheinlichkeit vor, die aus den Klassen in X geschätzt werden kann. Mit der Kurzschreibweise $X_{kj} = \{x \in X \mid x^{(j)} = k\}$, $j = 1, \ldots, p+1$, beträgt die Wahrscheinlichkeit für Klasse k

$$p(x^{(p+1)} = k) = \frac{\|X_{k\,p+1}\|}{\|X\|}. \qquad (5.51)$$

Die Entropie, also die am aktuellen Knoten in der Menge X enthaltene Information beträgt damit

$$H(X) \;=\; -\sum_{k=1}^{c} p(x^{(p+1)} = k)\log_2 p(x^{(p+1)} = k) \qquad (5.52)$$

$$\;=\; -\sum_{k=1}^{c} \frac{\|X_{k\,p+1}\|}{\|X\|}\log_2 \frac{\|X_{k\,p+1}\|}{\|X\|} \qquad (5.53)$$

Für jeden Knoten eines Entscheidungsbaums gilt, dass alle unmittelbar darunterliegenden Kanten dasselbe Merkmal betrachten. Ohne Beschränkung der Allgemeinheit seien diese Merkmale diskretwertig mit dem Wertebereich $x^{(j)} \in \{1, \ldots, v_j\}$, wobei $j \in \{1, \ldots, p\}$ der Index des betrachteten Merkmals ist und $v_j \in \{1, 2, \ldots\}$ die Anzahl der Kanten. Die Traversierung der Kante Nummer $k \in \{1, \ldots, v_j\}$ liefert die Information $H(X_{kj})$ gemäß (5.52). Die Wahrscheinlichkeit für die Traversierung der Kante Nummer $k \in \{1, \ldots, v_j\}$ lässt sich aus X als

$$p(x^{(j)} = k) = \frac{\|X_{kj}\|}{\|X\|} \qquad (5.54)$$

schätzen. Wird das Merkmal j in den unmittelbar nachfolgenden Kanten verwendet, so ergibt sich durch Traversierung einer dieser Kanten ein erwarteter Informationsgewinn g_j. Dieser Informationsgewinn berechnet sich aus der Information der Menge X minus dem Erwartungswert der Information nach der Traversierung zu einem der v_j Folgeknoten.

$$g_j = H(X) - \sum_{k=1}^{v_j} p(x^{(j)} = k) \cdot H(X_{kj}) = H(X) - \sum_{k=1}^{v_j} \frac{\|X_{kj}\|}{\|X\|} H(X_{kj}) \quad (5.55)$$

Der (informationstheoretisch) beste Entscheidungsbaum ist derjenige, der an jeder Kante dasjenige Merkmal betrachtet, das zu einem maximalen Informationsgewinn führt. Die Frage, welcher der beiden Entscheidungsbäume in Abbildung 5.7 der (informationstheoretisch) beste ist, kann also nur beantwortet werden, wenn alle zugehörigen bedingten Klassenwahrscheinlichkeiten bekannt sind oder aus einem Datensatz X geschätzt werden können, z.B. aus den in

Nummer	1	2	3	4	5	6	7	8
Größe h [m]	0.1	0.2	1.8	0.2	2.1	1.7	0.1	1.6
Beine b	0	2	2	4	4	2	4	2
Tier	F	V	M	K	P	M	K	M

Tabelle 5.2: Datensatz zum Aufbau der Entscheidungsbäume in Abbildung 5.7

Tabelle 5.2 angegebenen Daten. Dabei steht „F" für Fisch, „V" für Vogel, „M" für Mensch, „K" für Katze und „P" für Pferd. Da in X die Klassen „F", „V" und „P" jeweils einmal vorkommen, die Klasse „M" dreimal und die Klasse „K" zweimal, beträgt die Entropie von X

$$H(X) \;=\; -\frac{1}{8}\log_2\frac{1}{8} - \frac{1}{8}\log_2\frac{1}{8} - \frac{3}{8}\log_2\frac{3}{8} - \frac{2}{8}\log_2\frac{2}{8} - \frac{1}{8}\log_2\frac{1}{8} \quad (5.56)$$

$$\approx \; 2.1556 \text{ bit.} \tag{5.57}$$

Angenommen, die Anzahl der Beine b würde am Wurzelknoten für die ersten Verzweigungskanten betrachtet (entspricht Abbildung 5.7 oben). Wegen des Wertebereichs $b \in \{0, 2, 4\}$ kommen drei Kanten mit den Markierungen „$b = 0$", „$b = 2$" und „$b = 4$" in Frage. Die Entropiewerte nach der Traversierung einer dieser Kanten betragen

$$H(X \mid b = 0) \;=\; -\frac{1}{4}\log_2\frac{1}{4} - \frac{1}{4}\log_2\frac{1}{4} - \frac{2}{4}\log_2\frac{2}{4} \approx 1.5 \text{ bit,} \tag{5.58}$$

$$H(X \mid b = 2) \;=\; -\frac{1}{4}\log_2\frac{1}{4} - \frac{3}{4}\log_2\frac{3}{4} \approx 0.8113 \text{ bit,} \tag{5.59}$$

$$H(X \mid b = 4) \;=\; -\frac{1}{3}\log_2\frac{1}{3} - \frac{2}{3}\log_2\frac{2}{3} \approx 0.9183 \text{ bit.} \tag{5.60}$$

Daraus folgt der Informationsgewinn für die Wahl von b als erstem Verzweigungsmerkmal

$$g_b \;=\; H(X) - \frac{1}{8}H(X \mid b = 0) - \frac{4}{8}H(X \mid b = 2) - \frac{3}{8}H(X \mid b = 4) \tag{5.61}$$

$$\approx \; 1.2181 \text{ bit.} \tag{5.62}$$

Wird dagegen die Körpergröße h am Wurzelknoten betrachtet (entspricht Abbildung 5.7 unten), so sind für den gegebenen Datensatz zwei Kantenmarkierungen „$h \leq 1m$" und „$h > 1m$" ausreichend, d.h. sowohl für $h \leq 1m$ als auch für $h > 1m$ lässt sich durch alleinige Angabe von b eine eindeutige Klassifikation erreichen. Die Entropiewerte nach der Traversierung einer der beiden Kanten sind

$$H(X \mid h \leq 1m) \;=\; -\frac{1}{4}\log_2\frac{1}{4} - \frac{1}{4}\log_2\frac{1}{4} - \frac{2}{4}\log_2\frac{2}{4} \approx 1.5 \text{ bit,} \tag{5.63}$$

$$H(X \mid h > 1m) \;=\; -\frac{1}{4}\log_2\frac{1}{4} - \frac{3}{4}\log_2\frac{3}{4} \approx 0.8113 \text{ bit.} \tag{5.64}$$

- Gegeben $X = \{x_1, \ldots, x_n\} \subset \{1, \ldots, v_1\} \times \ldots \times \{1, \ldots, v_p\} \times \{1, \ldots, c\}$
  <u>call</u> ID3$(X, \text{Wurzel}, \{1, \ldots, p\})$

- <u>procedure</u> ID3(X, N, I)

  1. <u>if</u> $\forall x \in X$ alle $x^{(p+1)}$ gleich <u>then</u> <u>break</u>
  2. Berechne Informationsgewinn $g_j(X)$ $\forall j \in I$
  3. Bestimme Gewinnerkomponente $i = \text{argmax}\{g_j(X)\}$
  4. Zerlege X in v_i disjunkte Teilmengen

  $$X_{ki} = \{x \in X \mid x^{(i)} = k\}, \quad k = 1, \ldots, v_i$$

  5. <u>for</u> k mit $X_{ki} \neq \{\}$

     - Generiere neuen Knoten N_k und hänge ihn an N
     - <u>call</u> ID3$(X_{ki}, N_k, I \backslash \{i\})$

Abbildung 5.8: Aufbau eines Entscheidungsbaums mit ID3

Damit ist der Informationsgewinn für die Wahl von h als erstem Verzweigungsmerkmal

$$g_h = H(X) - \frac{4}{8} H(X \mid h \leq 1m) - \frac{4}{8} H(X \mid h > 1m) \tag{5.65}$$

$$\approx 1 \text{ bit.} \tag{5.66}$$

Der obere Entscheidungsbaum in Abbildung 5.7 führt also mit der Traversierung der ersten Kante zu einem erwarteten Informationsgewinn von etwa 1.2181 bit (5.62), während der erwartete Informationsgewinn beim unteren Entscheidungsbaum nur etwa 1 bit (5.66) beträgt. Der obere Entscheidungsbaum ist also der informationstheoretisch bessere.

Die obige informationstheoretische Betrachtung führt nicht nur wie gerade dargestellt zu einem Kriterium zum Vergleich verschiedener Entscheidungbäume, sondern liefert auch eine *konstruktive* Methode zur Erstellung informationstheoretisch *optimaler* Entscheidungsbäume: den *ID3–Algorithmus* [105], der in Abbildung 5.8 dargestellt ist. Ausgehend von dem Gesamtdatensatz X, dem Wurzelknoten des Entscheidungsbaums und der Menge $\{1, \ldots, p\}$ aller noch zu vergebenden Merkmale wird die rekursive Prozedur ID3 aufgerufen, die den informationstheoretisch optimalen Entscheidungsbaum aufbaut. Die Rekursion in ID3 bricht ab, wenn am aktuellen Knoten alle Daten der selben Klasse angehören, denn dann sind keine weiteren Verzweigungskanten notwendig. Ansonsten wird der erwartete Informationsgewinn g_i (5.55) für jedes noch zu vergebende Merkmal berechnet und dasjenige Merkmal j bestimmt, das den höchsten Informationsgewinn bringt. Anhand der Werte des Gewinnermerkmals j wird der Datensatz X in disjunkte Teilmengen zerlegt und für jede nichtleere Teilmenge ein neuer Knoten angehängt. Für jeden angehängten Knoten wird dann rekursiv der zugehörige Teilbaum berechnet.

ID3 geht davon aus, dass für jedes Merkmal eine endliche diskrete Wertemenge existiert, z.B. in Form tatsächlich diskreter Wertemengen oder in Form von benutzerdefinierten Werteintervallen wie im obigen Beispiel die Intervalle $(-\infty, 1m)$ und $(1m, \infty)$ für die Körpergröße h. Der *Classification and Regression Tree Algorithm (CART)* [20] ist eine Erweiterung von ID3 für reellwertige klassifizierte Datensätze $X \subset \mathbb{R}^p \times \{1, \ldots, c\}$, die für jede Komponente $x^{(l)}$, $l = 1, \ldots, p$, durch Entropiemaximierung eine Intervallgrenze $s^{(l)}$ bestimmt, so dass von jedem inneren Knoten des Entscheidungsbaums zwei Kanten mit den Markierungen „$x^{(l)} \leq s^{(l)}$" und „$x^{(l)} > s^{(l)}$" ausgehen. Im Gegensatz dazu benutzt *Chi–Square Automatic Interaction Detection (CHAID)* [61] zur Bestimmung der Intervallgrenzen einen statistischen Ξ^2–Test.

Eine andere Erweiterung von ID3 sind die Programme *C4.5* [106] und *See5 / C5.0*, die ebenfalls auch mit reellwertigen Daten arbeiten. Zusätzlich können die Daten bei C4.5 und See5 / C5.0 auch fehlende Einträge besitzen, überflüssige Äste der Entscheidungsbäume werden anschließend entfernt (sog. *Pruning*) und es können aus dem Entscheidungsbaum *Regeln* extrahiert werden. In Abschnitt 5.8 wird eine Methode auf der Basis von Clusterverfahren beschrieben, die einen Entscheidungsbaum aus einem *unklassifizierten* reellwertigen Datensatz $X \subset \mathbb{R}^p$ bestimmt. Hierzu werden je nach Datenlage eine oder mehrere Kanten an jeden Knoten angehängt und die entsprechenden Kantenmarkierungen automatisch bestimmt.

Die primäre Motivation für die Erstellung eines Entscheidungsbaums ist sein Einsatz als Klassifikator. Für die reine Datenanalyse sind jedoch auch die gewonnenen Strukturinformationen des Entscheidungsbaumes interessant, z.B. ist die Reihenfolge der Verzweigungsvariablen ein Indiz für deren Wichtigkeit zur Klassenunterscheidung.

5.6　Clustering

Bei den Klassifikatoren aus dem vorigen Abschnitt wurde von Datensätzen ausgegangen, die neben den eigentlichen Merkmalsvektoren auch deren Klassenzugehörigkeit enthalten. In vielen Anwendungen sind solche Klassenzugehörigkeiten nicht verfügbar oder zu aufwendig zu bestimmen (z.B. durch manuelle Klassifikation). Mit Hilfe der in diesem Abschnitt dargestellten *Clusterverfahren* lassen sich Klassenzugehörigkeiten aus der Struktur der Daten schätzen [13, 117].

Abbildung 5.9 (links) zeigt den Datensatz

$$X = \left\{ \begin{pmatrix} 2 \\ 2 \end{pmatrix}, \begin{pmatrix} 3 \\ 2 \end{pmatrix}, \begin{pmatrix} 4 \\ 3 \end{pmatrix}, \begin{pmatrix} 6 \\ 7 \end{pmatrix}, \begin{pmatrix} 7 \\ 8 \end{pmatrix}, \begin{pmatrix} 8 \\ 8 \end{pmatrix} \right\}, \tag{5.67}$$

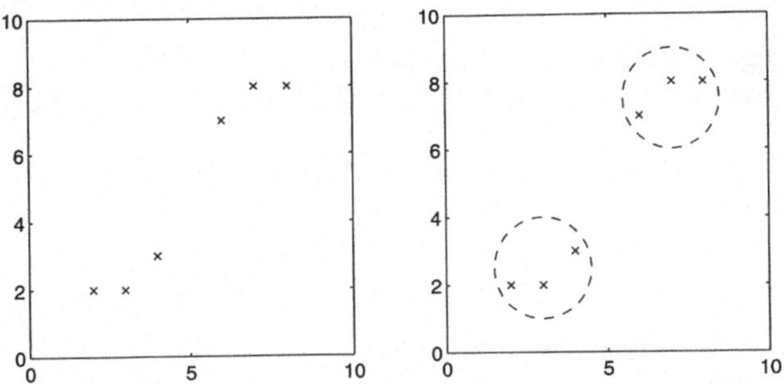

Abbildung 5.9: Ein Datensatz und die Aufteilung in seine Clusterstruktur

der offensichtlich zwei *Häufungspunkte (Cluster)* links unten bzw. rechts oben enthält. In Abbildung 5.9 (rechts) ist eine Partition von X gemäß dieser Clusterstruktur verdeutlicht. Der Datensatz wird in die disjunkten Teilmengen $C_1 = \{x_1, x_2, x_3\}$ und $C_2 = \{x_4, x_5, x_6\}$ zerlegt, die durch die gestrichelten Kreise angedeutet sind. Dass die beiden Cluster gleich viele Elemente und Vektoren mit aufeinander folgenden Indizes enthalten, ist eine Besonderheit des Datensatzes X (5.67) und ist im Allgemeinen nicht der Fall. Eine Zerlegung eines Datensatzes $X = \{x_1, \ldots, x_n\} \subset \mathbb{R}^p$ in seine Clusterstruktur ist allgemein definiert als die Partition von X in $c \in \{2, 3, \ldots, n-1\}$ disjunkte Teilmengen $C_1, \ldots, C_c$ so, dass

$$X = C_1 \cup \ldots \cup C_c, \tag{5.68}$$

$$C_i \neq \{\} \quad \text{für alle } i = 1, \ldots, c \tag{5.69}$$

$$C_i \cap C_j = \{\} \quad \text{für alle } i, j = 1, \ldots, c, i \neq j. \tag{5.70}$$

Die Cluster C_i, $i = 1, \ldots, c$, sind genau dann eine gute Repräsentation der Clusterstruktur in X, falls alle Punkte innerhalb der Cluster einen geringen Abstand voneinander haben, und alle Punkte in verschiedenen Clustern einen großen Abstand. Aus dieser Forderung lassen sich sequenzielle hierarchische nichtüberlappende Clustermodelle definieren, die zu einem gegebenen Datensatz X Clusterpartitionen bestimmen. Abbildung 5.10 zeigt den Algorithmus der agglomerativen Variante, die sogenannte *sequenzielle agglomerative hierarchische nichtüberlappende (SAHN)* Clusteranalyse. Zu Beginn des Algorithmus geht SAHN davon aus, dass jeder Punkt x_k, $k = 1, \ldots, n$, des Datensatzes ein einzelnes Cluster darstellt. Es gibt also $c_o = n$ Cluster $C_{0k} = \{x_k\}$, $k = 1, \ldots, n$. In jedem Schritt i des SAHN–Algorithmus wird dasjenige Paar von Clustern C_{ia} und C_{ib}, $a, b \in \{1, \ldots, c_i\}$ bestimmt, das den geringsten Abstand besitzt. Diese beiden Cluster werden dann zu einem einzigen Cluster verschmolzen. Zu Beginn des Algorithmus enthält jedes Cluster jeweils genau einen Punkt. Der Abstand zwischen zwei Clustern ist also gleich dem Abstand der in den beiden Clustern befindlichen Punkte. Im Laufe des Algorithmus werden jedoch Cluster verschmolzen, wodurch Cluster mit mehreren Punkten entstehen. Der Abstand

1. Gegeben Datensatz $X = \{x_1, \ldots, x_n\} \subset \mathbb{R}^p$,
   Abstandsmaß $d : (\mathbb{R}^p \times \ldots \times \mathbb{R}^p) \times (\mathbb{R}^p \times \ldots \times \mathbb{R}^p) \to \mathbb{R}$

2. Initialisierung $\Gamma_0 = \{C_{01}, \ldots, C_{0c_0}\} = \{\{x_1\}, \ldots, \{x_n\}\}$
   $\Rightarrow c_0 = n$

3. <u>for</u> $i = 0, \ldots, n-1$

   - Bestimme (a^*, b^*) mit
     $d(C_{ia^*}, C_{ib^*}) = \min_{a,b \in \{1, \ldots, c_i\}, \, a \neq b} \, d(C_{ia}, C_{ib})$
   - $\Gamma_{i+1} = (\, \Gamma_i \setminus \{C_{ia^*}\} \setminus \{C_{ib^*}\} \,) \, \cup \, \{C_{ia^*} \cup C_{ib^*}\}$

4. Ausgabe: Teilmengen $\Gamma_0, \ldots, \Gamma_n$

Abbildung 5.10: Sequenzielle agglomerative hierarchische nichtüberlappende (SAHN) Clusteranalyse

zwischen solchen Clustern kann bestimmt werden durch

- Minimalabstand *(Single Linkage)*

$$d(C_a, C_b) = \min_{x \in C_a, \, y \in C_b} \|x - y\| \tag{5.71}$$

- Maximalabstand *(Complete Linkage)*

$$d(C_a, C_b) = \max_{x \in C_a, \, y \in C_b} \|x - y\| \tag{5.72}$$

- mittleren Abstand *(Average linkage)*

$$d(C_a, C_b) = \frac{1}{\|C_a\| \cdot \|C_b\|} \sum_{x \in C_a, \, y \in C_b} \|x - y\| \tag{5.73}$$

Abbildung 5.11 (links) zeigt den Maximal– und Minimalabstand der beiden Cluster aus Abbildung 5.9. Für den mittleren Abstand wird der Mittelwert aller Abstände zwischen den Punkten des einen Clusters und den Punkten des anderen Clusters gebildet, wie in Abbildung 5.11 (rechts) gezeigt. Im Laufe des SAHN–Agorithmus' werden sukzessive Cluster zusammengefasst, bis schließlich alle Punkte zu ein und dem selben Cluster gehören. Diese Eigenschaft wurde bereits bei der Bildung von Korrelationsclustern beschrieben (Abbildung 5.2). Abbildung 5.12 zeigt ein sogenanntes *Dendogramm*, das darstellt, wie die einzelnen Punkte $x_1, \ldots, x_6$ (Indizes auf der Abzisse) sukzessive von unten nach oben zusammengefasst werden, bis schließlich nur noch ein einzelnes Cluster vorhanden ist. Die so bestimmten Partitionen lauten der Reihe nach

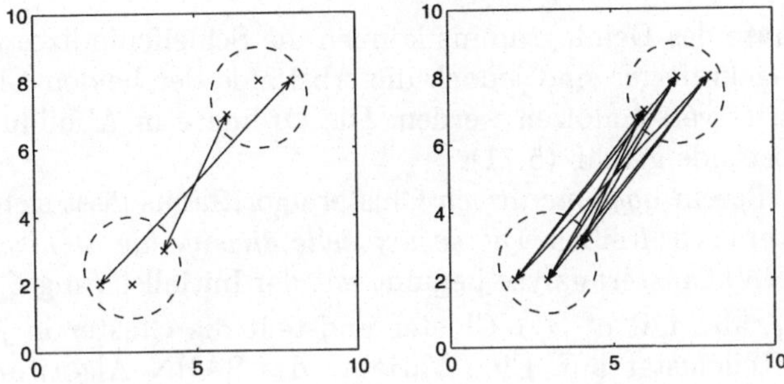

Abbildung 5.11: Abstände zwischen Clustern

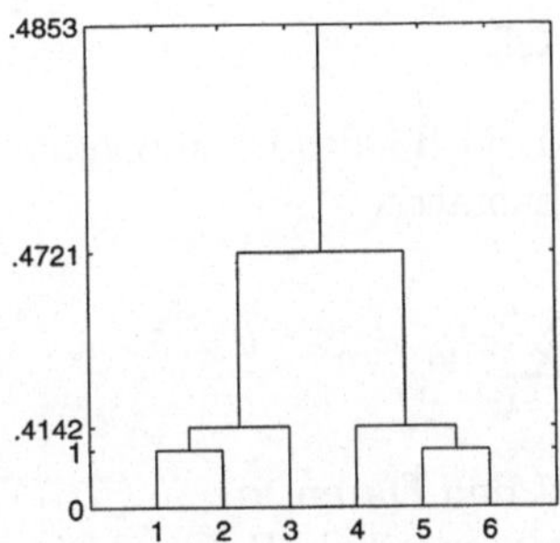

Abbildung 5.12: Dendogramm (Minimalabstände über Punktindizes)

$$\Gamma_0 \ = \ \{\{x_1\}, \{x_2\}, \{x_3\}, \{x_4\}, \{x_5\}, \{x_6\}\} \tag{5.74}$$

$$\Gamma_1 = \Gamma_2 \ = \ \{\{x_1, x_2\}, \{x_3\}, \{x_4\}, \{x_5, x_6\}\} \tag{5.75}$$

$$\Gamma_3 = \Gamma_4 \ = \ \{\{x_1, x_2, x_3\}, \{x_4, x_5, x_6\}\} \tag{5.76}$$

$$\Gamma_5 = \ = \ \{\{x_1, x_2, x_3, x_4, x_5, x_6\}\} = \{X\} \tag{5.77}$$

Auf der Ordinate des Dendogramms können die Schleifenindizes i aufgetragen werden. Aussagekräftiger sind jedoch die Abstände der beiden Cluster, die im jeweiligen Schritt verschmolzen werden. Die Ordinate in Abbildung 5.12 zeigt die Minimalabstände gemäß (5.71).

Analog zu diesem *agglomerativen* Clusteralgorithmus lässt sich auch ein *divisiver* Algorithmus schreiben. Die *sequenzielle divisive hierarchische nichtüberlappende (SDHN)* Clusteranalyse beginnt mit der Initialisierung $\Gamma_0^* = \{C_{0c_0^*}^*\} = \{\{x_1, \ldots, x_n\}\}$, also mit $c_0^* = 1$ Cluster und teilt die Cluster in jedem Schritt sukzessive in Teilcluster auf. Eine Variante des SAHN–Algorithmus' benutzt Dichteschätzer anstelle von Abstandsmaßen zur Verschmelzung von Clustern *(Density–Based Spatial Clustering of Applications with Noise, DBSCAN)* [134, 161].

Bisher wurde die Partition eines Datensatzes stets mit einer Partitionsmenge Γ dargestellt, die die einzelnen Cluster, also die disjunkten Teilmengen von X enthält. Eine äquivalente Darstellung dieser Partition ist eine Matrix von Zugehörigekeitswerten Partitionsmatrix U mit den Elementen

$$u_{ik} = \begin{cases} 1 & \text{falls } x_k \in C_i \\ 0 & \text{falls } x_k \notin C_i. \end{cases} \tag{5.78}$$

Da jedes Cluster mindestens ein Element besitzt, gilt für jede Partitionsmatrix

$$\sum_{k=1}^{n} u_{ik} > 0, \quad i = 1, \ldots, c. \tag{5.79}$$

Da die Cluster disjunkt sind, wird jedes Datum genau einem Cluster zugeordnet, und es gilt für die Partitionsmatrix

$$\sum_{i=1}^{c} u_{ik} = 1, \quad k = 1, \ldots, n. \tag{5.80}$$

Abbildung 5.13 (links) zeigt den Datensatz X (5.67) und die Werte der zweiten Zeile der Partitionsmatrix als vertikale Balken. Die zweite Zeile der Partitionsmatrix enthält die Werte eins für alle Elemente des zweiten Clusters und die Werte null für alle anderen Punkte. Die Balken an den Punkten $x_4, \ldots, x_6$ haben deswegen die Höhe eins, während die übrigen Balken nicht sichtbar sind (Höhe null).

Eine dritte Beschreibungsmöglichkeit für Cluster neben Partitionsmengen und Partitionsmatrizen sind *Prototypen* wie z.B. *Clusterzentren*

$$V = \{v_1, \ldots, v_c\}. \tag{5.81}$$

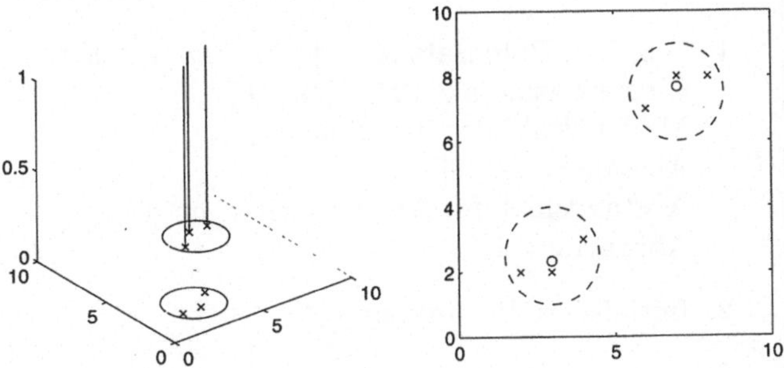

Abbildung 5.13: Darstellung von Clustern durch Zugehörigkeiten und Zentren

Jedes Cluster wird dabei durch ein einzelnes Zentrum v_i, $i = 1, \ldots, c$, repräsentiert. Die Zuordnung der einzelnen Punkte x_k, $k = 1, \ldots, n$, zu den c Clustern kann z.B. mit der *Nächster–Nachbar–Regel* analog zu (5.50) erfolgen, d.h. x_k gehört zu Cluster i genau dann, wenn

$$\|x_k - v_i\| = \min_{j=1,\ldots,c} \|x_k - v_j\|. \tag{5.82}$$

Zur Bestimmung von Clusterzentren eignet sich das *c–Means (CM) Modell* [5], das über die Minimierung der Summe der quadratischen Abstände zwischen den Zentren und den zugehörigen Punkten definiert ist. Das CM–Modell lautet also: Minimiere die Zielfunktion

$$J_{CM}(U, V; X) = \sum_{i=1}^{c} \sum_{x_k \in C_i} \|x_k - v_i\|^2 = \sum_{i=1}^{c} \sum_{k=1}^{n} u_{ik} \|x_k - v_i\|^2. \tag{5.83}$$

Aus den notwendigen Bedingungen für (lokale) Extrema von (5.83),

$$\frac{\partial J_{CM}(U, V; X)}{\partial v_i} = 0, \quad i = 1, \ldots, c, \tag{5.84}$$

folgt für die Clusterzentren

$$v_i = \frac{1}{\|C_i\|} \sum_{x_k \in C_i} x_k = \frac{\sum_{k=1}^{n} u_{ik} x_k}{\sum_{k=1}^{n} u_{ik}}. \tag{5.85}$$

Jedes Clusterzentrum v_i ist also das *erste Moment* oder der *Schwerpunkt* aller Punkte des Clusters i. Wird ein Clusterzentrum entsprechend (5.85) bestimmt, ergeben sich möglicherweise andere Cluster, denn die Zugehörigkeiten der Punkte zu den Clustern sind ja über die nächsten Clusterzentren (5.82) definiert, und eine Veränderung der Zentren kann somit eine Veränderung der Clusterzuordnung bewirken. Daher sollte also nach einer Änderung der Zentren V auch die Partitionsmatrix U neu bestimmt werden, was wiederum eine Neuberechnung

1. Gegeben Datensatz $X = \{x_1, \ldots, x_n\} \subset \mathbb{R}^p$,
   Clusteranzahl $c \in \{2, \ldots, n-1\}$,
   Maximalzahl der Iterationen $t_{\max}$,
   Abstandsmaß $\|.\|$,
   Abstandsmaß für Abbruchkriterium $\|.\|_\epsilon$,
   Abbruchgrenze ϵ

2. Initialisiere Prototypen $V^{(0)} \subset \mathbb{R}^p$

3. <u>for</u> $t = 1, \ldots, t_{\max}$

   - Bestimme $U^{(t)}(V^{(t-1)}, X)$
   - Bestimme $V^{(t)}(U^{(t)}, X)$
   - <u>if</u> $\|V^{(t)} - V^{(t-1)}\|_\epsilon \leq \epsilon$,   <u>stop</u>

4. Ausgabe: Partitionsmatrix $U \in \mathbb{R}^{c \times n}$,
   Prototypen $V = \{v_1, \ldots, v_c\} \in \mathbb{R}^p$

Abbildung 5.14: Alternierende Optimierung von Clustermodellen

der Zentren notwendig macht. Zur Optimierung des CM–Modells wird also abwechselnd U gemäß (5.82) und V gemäß (5.85) neu bestimmt. Diese *alternierende Optimierung (AO)* ist in Abbildung 5.14 dargestellt. Hier wird zunächst V zufällig initialisiert und nach jeder Neuberechnung von U und V geprüft, ob die Änderungen in V unterhalb einer Abbruchgrenze ϵ liegen. Initialisierung und Terminierung könnte aber auch über U statt V erfolgen, so dass innerhalb der For–Schleife zunächst $V^{(t)}(U^{(t-1)}, X)$ und dann $U^{(t)}(V^{(t)}, X)$ berechnet würde. Dies stellt jedoch in der Regel einen wesentlich höheren Berechnungsaufwand dar und ist daher nicht effizient.

Die Aufteilung des Datensatzes (5.67) in die beiden Cluster in Abbildung 5.9 ist leicht nachvollziehbar, da die Daten tatsächlich klar getrennt sind. Wird dagegen der Punkt $x_7 = \binom{5}{5}$ hinzugefügt, ist also

$$X = \left\{ \binom{2}{2}, \binom{3}{2}, \binom{4}{3}, \binom{6}{7}, \binom{7}{8}, \binom{8}{8}, \binom{5}{5} \right\} \tag{5.86}$$

(siehe Abbildung 5.15 links), so ist nicht klar, welchem Cluster der neue Punkt x_7 zuzuordnen ist. Aufgrund der Symmetrie sollte x_7 beiden Clustern gleichermaßen zugeordnet werden, also zu beiden Clustern die Zugehörigkeit 1/2 erhalten. Diese Forderung lässt sich erfüllen, wenn für die Einträge der Partitionsmatrix Werte im Intervall $u_{ik} \in [0, 1]$, $i = 1, \ldots, c$, $k = 1, \ldots, n$, zugelassen werden.

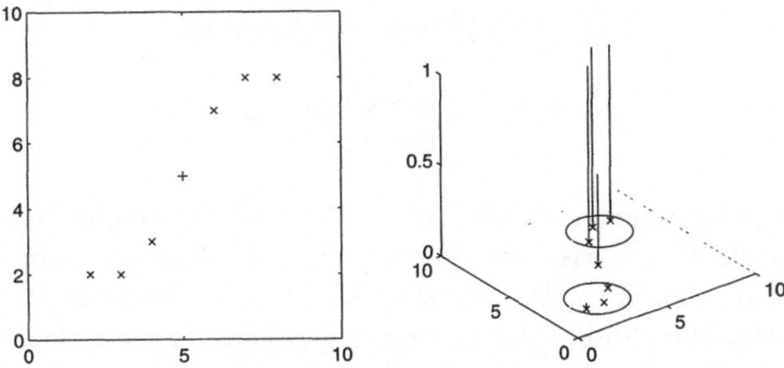

Abbildung 5.15: Datensatz mit einem Punkt, der beiden Clustern gleichermaßen angehört, und die entsprechende unscharfe Partition

Die Semantik solcher kontinuierlicher Zugehörigkeitswerte lautet

$$u_{ik} \begin{cases} = 0 & \text{falls } x_k \notin C_i \\ = 1 & \text{falls } x_k \in C_i \\ \in (0,1) & \text{sonst.} \end{cases} \tag{5.87}$$

Weiterhin sollen die durch eine solche Partitionsmatrix beschriebenen *unscharfen Cluster* analog zu (5.79) nicht leer sein,

$$\sum_{k=1}^{n} u_{ik} > 0, \quad i = 1, \dots, c, \tag{5.88}$$

und es soll analog zu (5.80) die Normalisierungsbedingung

$$\sum_{i=1}^{c} u_{ik} = 1, \quad k = 1, \dots, n \tag{5.89}$$

gelten. Die Bedingung (5.89) erinnert an die Normalisierung von Wahrscheinlichkeitsverteilungen [118], jedoch stellen Zugehörigkeiten [31, 162] und Wahrscheinlichkeiten verschiedene Konzepte der Unsicherheit dar [40, 141] und werden hier daher streng unterschieden [12]. Im Unterschied zur unscharfen Datenanalyse [6, 77, 146, 153, 159], in der auch die *Daten* unscharf sein können [98], werden hier lediglich *unscharfe Partitionen* betrachtet. Abbildung 5.15 (rechts) zeigt die zweite Zeile einer solchen unscharfen Partition. Die Zugehörigkeiten des neuen Punktes x_7 sind $u_{17} = u_{27} = 1/2$. Die Zugehörigkeiten u_{21}, u_{22}, u_{23} sind klein, können aber ungleich null sein, und die Zugehörigkeiten u_{24}, u_{25}, u_{26} sind groß, können aber ungleich eins sein. Jeder Punkt kann zu einem gewissen Grad beiden Clustern zugeordnet werden.

Wenn die Cluster durch Prototypen V und eine unscharfe Partitionsmatrix U dargestellt werden, so lassen sich diese aus einem Datensatz mit Hilfe des *Fuzzy c-Means (FCM)* Modells [11, 18, 56] bestimmen: Minimiere die Kostenfunktion

$$J_{FCM}(U, V; X) = \sum_{k=1}^{n} \sum_{i=1}^{c} u_{ik}^{m} \|x_k - v_i\|^2 \tag{5.90}$$

unter den Randbedingungen (5.88) und (5.89). Der Parameter $m \in (1, \infty)$ legt fest, wie groß die Unschärfe der Cluster sein soll. Für den Grenzwert $m \to 1$ geht das FCM–Modell in das scharfe CM–Modell über. Für den Grenzwert $m \to \infty$ erhalten alle Punkte die gleiche Zugehörigkeit $u_{ik} = 1/c$, $i = 1, \ldots, c$, $k = 1, \ldots, n$, zu allen Clustern. Ein häufig verwendeter Wert ist $m = 2$. Da das FCM–Modell eine Optimierungsaufgabe mit Randbedingungen ist, eignet sich zur Lösung das Lagrange–Verfahren. Hierzu dient die Lagrange–Funktion

$$F_{FCM}(U, V, \lambda; X) = \sum_{k=1}^{n} \sum_{i=1}^{c} u_{ik}^{m} \|x_k - v_i\|^2 - \lambda \cdot \left(\sum_{i=1}^{c} u_{ik} - 1 \right) \tag{5.91}$$

Die notwendigen Bedingungen für lokale Extrema der Lagrange–Funktion sind

$$\left. \begin{aligned} \frac{\partial F_{FCM}}{\partial \lambda} &= 0 \\[2ex] \frac{\partial F_{FCM}}{\partial u_{ik}} &= 0 \end{aligned} \right\} \quad \Rightarrow \quad u_{ik} = 1 \left/ \sum_{j=1}^{c} \left(\frac{\|x_k - v_i\|}{\|x_k - v_j\|} \right)^{\frac{2}{m-1}} \right. \tag{5.92}$$

$$\frac{\partial J_{FCM}}{\partial v_i} = 0 \quad \Rightarrow \quad v_i = \frac{\sum\limits_{k=1}^{n} u_{ik}^{m} x_k}{\sum\limits_{k=1}^{n} u_{ik}^{m}} \tag{5.93}$$

Ein Vergleich von (5.93) mit (5.85) bestätigt, dass FCM für $m \to 1$ in CM übergeht. Wie auch bei CM beeinflusst die Wahl der Prototypen die Partitionsmatrix und umgekehrt. Ein geeigneter Algorithmus für die Optimierung des FCM–Modells ist daher die alternierende Optimierung nach Abbildung 5.14, nur dass nun die Elemente der Partitionsmatrix mit (5.92) anstelle von (5.82) und die Prototypen mit (5.93) anstelle von (5.85) berechnet werden. Andere Methoden zur Optimierung des FCM–Modells sind in Abschnitt 5.7 beschrieben.

Für das Abstandsmaß in (5.90) und (5.92) kommt prinzipiell jede beliebige Norm aus Abschnitt 2.3 in Frage, z.B. die Euklid'sche Norm oder die Mahalanobis–Norm. Eine Variante der Mahalanobis–Norm verwendet statt der Kovarianzmatrix des gesamten Datensatzes die Kovarianzmatrizen der einzelnen Cluster. Die Kovarianzmatrix des Clusters $i = 1, \ldots, c$ ist definiert als

$$S_i = \sum_{k=1}^{n} u_{ik}^{m} (x_k - v_i)(x_k - v_i)^{T}. \tag{5.94}$$

Analog zum Mahalanobis–Abstand lässt sich damit für jedes Cluster eine eigene Matrixnorm mit

$$A_i = \sqrt[p]{\rho_i \det(S_i)}\, S_i^{-1} \tag{5.95}$$

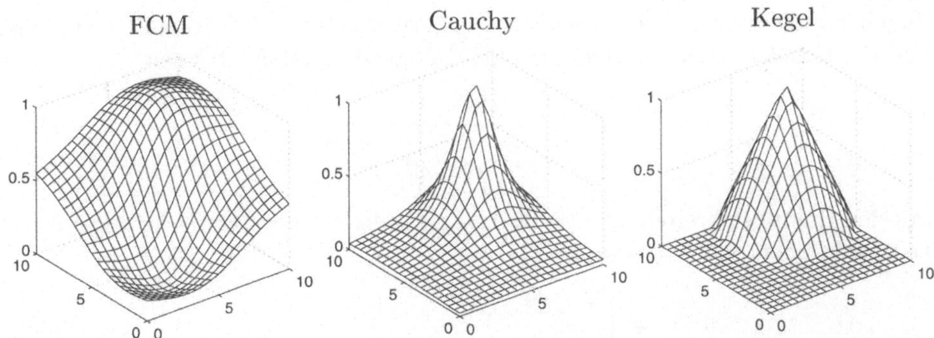

Abbildung 5.16: Formen verschiedener Clusterzugehörigkeitsfunktionen

definieren. Der Vorfaktor in (5.95) dient der Normalisierung, so dass jedes Cluster das Hypervolumen $\det(A_i) = \rho_i$ besitzt. Meist werden die Hypervolumina als $\rho_1 = \ldots = \rho_c = 1$ gewählt. Mit diesen clusterspezifischen Normen lässt sich die FCM–Kostenfunktion zur *Gustafson–Kessel (GK)* [44] Kostenfunktion modifizieren.

$$J_{GK}(U, V; X) = \sum_{k=1}^{n} \sum_{i=1}^{c} u_{ik}^m \left((x_k - v_i)^T A_i (x_k - v_i) \right) \qquad (5.96)$$

Auch für das GK–Modell lassen sich Prototypen und Zugehörigkeiten durch alternierende Optimierung nach Abbildung 5.14 bestimmen.

Die diskrete Zugehörigkeitsfunktion $u : V \times X \to [0,1]$ in (5.92) lässt sich formal zu einer kontinuierlichen Zugehörigkeitsfunktion $u : V \times \mathbb{R}^p \to [0,1]$ erweitern, mit der die Zugehörigkeit jedes Punktes $x \in \mathbb{R}^p$ zu den c Clustern bestimmt werden kann.

$$u_i(x) = 1 \left/ \sum_{j=1}^{c} \left(\frac{\|x - v_i\|}{\|x - v_j\|} \right)^{\frac{2}{m-1}} \right. , \quad i = 1, \ldots, c \qquad (5.97)$$

Für alle x_k, $k = 1, \ldots, n$, liefern die diskrete und die kontinuierliche Zugehörigkeitsfunktion den gleichen Wert $u_i(x_k) = u_{ik}$. Das linke Diagramm in Abbildung 5.16 zeigt die Zugehörigkeitsfunktion $u_2(x)$, die aus X (5.86) mit alternierender Optimierung des FCM–Modells gemäß Abbildung 5.14 mit (5.92) und (5.93), $c = m = 2$ und $t_{\max} = 100$ Iterationen gewonnen wurde. In den Clusterzentren ist $u_2(v_2) = 1$ und $u_2(v_1) = 0$. Für Punkte, die weit von beiden Clusterzentren entfernt sind, z.B. $x' = \binom{10}{0}$, gilt $u_2(x') \approx 1/c = 1/2$, da die Summe aller Zugehörigkeiten stets eins beträgt. Wenn x von v_2 geradlinig nach v_1 wandert, so ist $u_2(x)$ zunächst eins und fällt dann monoton bis auf null. Nach Passieren des Clusterzentrums v_1 steigt $u_2(x)$ jedoch wieder an und nähert sich dem Wert $u_2\left(\binom{-\infty}{-\infty}\right) = 1/c = 1/2$. Dieses inkonvexe Verhalten ist in vielen Anwendungen unerwünscht, ebenso die Eigenschaft, dass auch Ausreißer x^* die

Zugehörigkeit $u_i(x^*) = 1/c$ zu allen Clustern erhalten. Dies ist z.B. nicht der Fall für *Cauchy*– oder *possibilistische* [75] Zugehörigkeitsfunktionen

$$u_i(x) = \frac{1}{1 + \left(\frac{\|x - v_i\|}{\sqrt{\eta_i}} \right)^{\frac{2}{m-1}}} \qquad (5.98)$$

mit den Halbwertsbreiten $\eta_i > 0$, $i = 1, \ldots, c$, oder für *hyperkonische* Zugehörigkeitsfunktionen oder *Hyperkegel* [124]

$$u_i(x) = \begin{cases} 1 - \frac{\|x - v_i\|}{r_i}, & \text{falls } \|x - v_i\| \leq r_i \\ 0, & \text{sonst,} \end{cases} \qquad (5.99)$$

mit den Radii $r_i > 0$, $i = 1, \ldots, c$. Abbildung 5.16 zeigt die Form einer Cauchy–Funktion (Mitte) und einer konischen Funktion (rechts). Beide Funktionen sind konvex und konvergieren gegen null für weit von den Clusterzentren entfernte Punkte. Partitionen mit gewünschten Eigenschaften (wie z.B. Konvexität) können durch Clusteranalyse dadurch erhalten werden, dass die entsprechenden kontinuierlichen Zugehörigkeitsfunktionen (wie z.B. hyperkonische Funktionen nach (5.99)) direkt in den Algorithmus zur alternierenden Optimierung nach Abbildung 5.14 eingesetzt werden. Ein solcher Algorithmus ist also durch eine Zugehörigkeitsfunktion u und nicht durch eine Kostenfunktion J spezifiziert, es ist unter Umständen nicht einmal möglich, eine entsprechende Kostenfunktion J zur gewünschten Zugehörigkeitsfunktion u anzugeben. Der entsprechende Algorithmus heißt daher nicht mehr alternierende Optimierung, sondern *alternierende Clusterschätzung (Alternating Cluster Estimation, ACE)* [124]. In der allgemeinen Definition von ACE kann außer der Zugehörigkeitsfunktion u auch eine Prototypfunktion v frei von Benutzer eingestellt werden, mit der anstelle von (5.85) oder (5.93) die Clusterprototypen (z.B. Zentren) bestimmt werden. Als Prototypfunktionen kommen z.B. alle Defuzzifizierungsoperatoren in Frage [113, 114, 115].

Cluster, die durch ihre Zentren beschrieben werden, sind je nach Abstandsmaß Hypersphären oder Hyperellipsoide. Häufig ist jedoch die natürliche Struktur der Daten eher linien– oder kreisförmig, z.B. wenn Objekte in Grauwertbildern erkannt werden sollen. Linien, Kreise und andere geometrische Formen lassen sich durch spezifische Parametertupel beschreiben. Geraden und Hyperebenen sind eindeutig durch einen Aufpunktvektor $v_i \in \mathbb{R}^p$ und einen oder mehrere Richtungsvektoren $d_{i1}, \ldots, d_{iq}$, $q \in \{1, \ldots, p-1\}$, festgelegt. Der *Prototyp* einer Geraden oder Hyperebenen lautet also $p_i = (v_i, d_{i1}, \ldots, d_{iq})$, $i = 1, \ldots, c$. Der Abstand zwischen einem Punkt x_k und dem Cluster mit einem solchen Prototypen p_i ist geometrisch nach dem *Satz des Pythagoras* bestimmt als

$$d(x_k, p_i) = \sqrt{ \|x_k - v_i\|^2 - \sum_{j=1}^{q} \left((x_k - v_i)^T d_{ij} \right)^2 }. \qquad (5.100)$$

Formal kann ein solches Abstandsmaß direkt anstelle des Punktabstands in das FCM–Modell eingesetzt werden, und es ergibt sich ein Clustermodell für die

Prototypen $P = \{p_1, \ldots, p_c\}$: Minimiere

$$J_{FC^*}(U, P; X) = \sum_{k=1}^{n} \sum_{i=1}^{c} u_{ik}^m \, d(x_k, p_i)^2 \qquad (5.101)$$

unter den Randbedingungen (5.88) und (5.89). Falls die Prototypen Geraden sind, so heißt das Modell (5.101) *Fuzzy c–Lines (FCL)* [14] und es wird für die Prototypen $p_i = (v_i, d_{i1})$ (also $q = 1$) das Abstandsmaß (5.100) benutzt. Falls die Prototypen Hyperebenen sind, also $q > 1$, so heißt das Modell *Fuzzy c–Varieties (FCV)* [15]. Die Lösung der FC*–Modelle ergibt sich analog zu FCM aus den notwendigen Bedingungen für lokale Extrema der Lagrange–Funktion.

$$u_{ik} = 1 \left/ \sum_{j=1}^{c} \left(\frac{d(x_k, p_i)}{d(x_k, p_j)} \right)^{\frac{2}{m-1}} \right. \qquad (5.102)$$

Die Aufpunktvektoren der Geraden oder Hyperebenen ergeben sich wie für FCM aus (5.93) und die Richtungsvektoren sind die Eigenwerte der Cluster-Kovarianzmatrizen (5.94).

$$d_{ij} = \operatorname*{eig}_{j} \sum_{k=1}^{n} u_{ik}^m \, (x_k - v_i)(x_k - v_i)^T, \quad j = 1, \ldots, q. \qquad (5.103)$$

Die alternierende Optimierung erfolgt gemäß Abbildung 5.14, wobei die Prototypen nun nicht mehr V, sondern allgemein P heißen. Ein zweites Beispiel für nicht punktförmige Prototypen sind *Elliptotypes* [15], die wie Hyperebenen mit den Prototypen $p_i = (v_i, d_{i1}, \ldots, d_{iq})$ beschrieben werden, die aber konvexe Kombinationen aus Punkten und Hyperebenen sind. Im Gegensatz zu Hyperebenen, die sich auf ganz $\mathbb{R}^p$ erstrecken, ist ein Elliptotype auf die Umgebung um sein Zentrum beschränkt. Das Abstandsmaß für Elliptotypes lautet

$$d(x_k, (v_i, d_{i1}, \ldots, d_{iq})) = \sqrt{\|x_k - v_i\|^2 - \alpha \cdot \sum_{j=1}^{q} ((x_k - v_i)^T d_{ij})^2}, \qquad (5.104)$$

wobei $\alpha \in [0, 1]$ den Grad der Lokalität festlegt. Für $\alpha = 0$ werden Elliptotypes zu Punkten, für $\alpha = 1$ werden sie zu Hyperebenen. Das *Fuzzy c–Elliptotypes (FCE)* Modell entspricht dem FCV–Modell, jedoch wird das Abstandsmaß (5.104) anstatt (5.100) benutzt.

Abbildung 5.17 (links) zeigt die Clusterprototypen, die für den Datensatz (5.67) durch alternierende Optimierung des FCE–Modells mit $c = m = 2$, $q = 1$, $\alpha = 0.5$ und $t_{\max} = 100$ Iterationen erhalten wurden. Die Clusterzentren v_1 und v_2 sind durch kleine Kreise, die Richtungsvektoren d_{11} und d_{21} sind durch Pfeile dargestellt. Sowohl die Zentren als auch die Hauptrichtungen der beiden Cluster wurden gut erkannt. Ein weiteres Beispiel für Prototypen sind Kreise, die sich mit $p_i = (v_i, r_i)$, also Zentrum und Radius darstellen lassen. Der Abstand zwischen x_k und Cluster p_i ist

$$d(x_k, (v_i, r_i)) = \big| \|x_k - v_i\| - r_i \big|. \qquad (5.105)$$

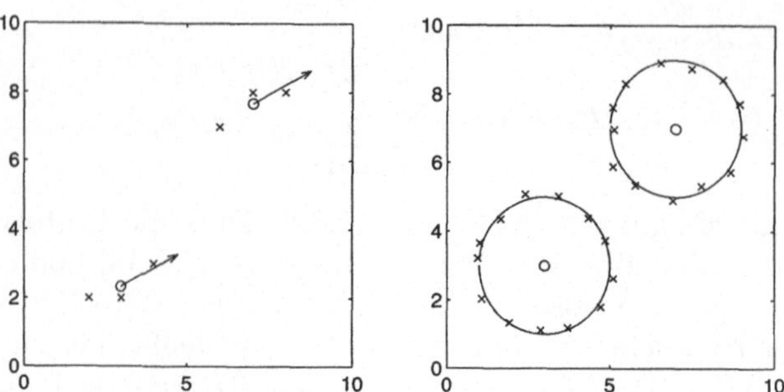

Abbildung 5.17: Erkennung von Linien und Kreisen durch Clusteranalyse

Das entsprechende Modell heißt *Fuzzy c–Shells (FCS)* [27]. In der alternierenden Optimierung von FCS werden die Zentren gemäß (5.93) bestimmt und die
Radien gemäß

$$r_i = \frac{\sum_{k=1}^{n} u_{ik}^m \|x_k - v_i\|}{\sum_{k=1}^{n} u_{ik}^m}. \tag{5.106}$$

Abbildung 5.17 (rechts) zeigt einen Datensatz, in dem mit alternierender Optimierung des FCS–Modells zwei Kreise identifiziert wurden. Erweiterungen von
FCS finden sich z.B. in [17, 28, 37, 82].

Bisher wurde stillschweigend vorausgesetzt, dass in den zu analysierenden
Datensätzen überhaupt natürliche Cluster enthalten sind, und dass die Anzahl
der enthaltenen Cluster bekannt ist. Beides ist in vielen Anwendungen nicht
der Fall. Um festzustellen, ob überhaupt Cluster vorhanden sind, eignet sich
der *Hopkins–Index* [58]. Zur Bestimmung des Hopkins–Index eines Datensatzes
$X = \{x_1, \ldots, x_n\} \subset \mathbb{R}^p$ werden zunächst m Punkte $R = \{r_1, \ldots, r_m\}$ in der
konvexen Hülle von X zufällig gewählt, wobei $m \ll n$ gilt. Dann werden weitere
m Datenpunkte $S = \{s_1, \ldots, s_m\}$ zufällig aus X gewählt, also $S \subset X$. Für
diese beiden Mengen R und S werden $d_{r_1}, \ldots, d_{r_m}$, die Abstände von R zu den
nächsten Nachbarn in X, und $d_{s_1}, \ldots, d_{s_m}$, die Abstände von S zu den nächsten
Nachbarn in X bestimmt. Mit diesen Abständen bestimmt sich der Hopkins–
Index zu

$$h = \frac{\sum_{i=1}^{m} d_{r_i}^p}{\sum_{i=1}^{m} d_{r_i}^p + \sum_{i=1}^{m} d_{s_i}^p} \tag{5.107}$$

Da der Hopkins–Index stark von der Wahl der Mengen R und S anhängt, emp-
fiehlt es sich, die zufällige Wahl der Mengen R und S mehrfach zu wiederholen
und den Mittelwert aus den einzelnen Werten für h zu verwenden. Der Wertebereich des Hopkins–Index ist $h \in [0, 1]$. Zur Interpretation des Hopkins–Index
können drei typische Fälle betrachtet werden:

1. Für $h \approx 0.5$ sind die Abstände zwischen den Daten aus X etwa so groß wie
   die Abstände zwischen beliebigen Punkten innerhalb der konvexen Hülle

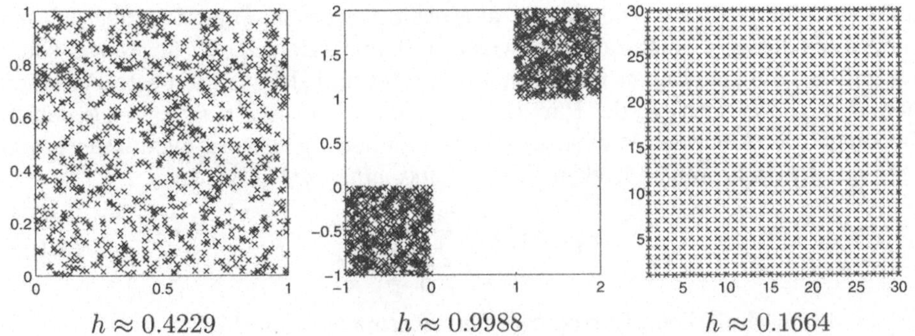

$$h \approx 0.4229 \qquad h \approx 0.9988 \qquad h \approx 0.1664$$

Abbildung 5.18: Drei Datensätze und ihre Hopkins–Indizes

von X. Dies deutet darauf hin, dass S bzw. X einer ähnlichen Verteilung entspricht wie die Menge R. Da die Punkte in R rein zufällig gewählt wurden, kann also geschlossen werden, dass auch X rein zufallsverteilt ist.

2. Für $h \approx 0$ sind die Abstände zwischen den Daten aus X relativ groß. Dieser Fall kann auftreten, wenn die Punkte in X regelmäßig in etwa gleichem Abstand in der konvexen Hülle von X verteilt werden. Kleine Werte des Hopkins–Index deuten also auf eine regelmäßige Struktur des Datensatzes hin.

3. Für $h \approx 1$ sind die Abstände zwischen den Daten aus X relativ klein. Dies kann durch Cluster verursacht werden, innerhalb derer die Daten relativ dicht liegen. Aus einem hohen Hopkins–Index kann also geschlossen werden, dass X eine ausgeprägte Clusterstruktur besitzt.

Abbildung 5.18 zeigt drei unterschiedliche Datensätze und ihre Hopkins–Indizes für $m = 10$. Links liegt eine reine Zufallsverteilung vor, so dass der Hopkins–Index etwa $h \approx 0.5$ beträgt. In der Mitte sind zwei klar getrennte Cluster vorhanden, was durch $h \approx 1$ gut erkannt wird. Der rechte Datensatz enthält eine sehr regelmäßige Struktur — dies wird durch einen kleinen Wert von h erkannt. Eine andere Interpretation dieser Ergebnisse besteht darin, dass der linke Datensatz $c = 1$ Cluster und der rechte Datensatz $c = n$ Cluster enthält. In keinem dieser beiden Fälle kann von einer Clusterstruktur gesprochen werden. Daher wurde bisher auch stets für c gefordert, dass $2 \leq c < n$ gilt. Eine Clusteranalyse lässt nur dann sinnvolle Ergebnisse erwarten, wenn in den Daten tatsächlich eine Clusterstruktur enthalten ist. Der Hopkins–Index der Daten sollte also mindestens $h > 0.5$ sein.

Mit dem Hopkins–Index lässt sich bestimmen, ob X eine Clusterstruktur besitzt, d.h. ob in X natürliche Cluster vorkommen. Der Parameter $c \in \{2, \ldots, n-1\}$ muss bei allen hier vorgestellten Clustermethoden vom Anwender gewählt werden, d.h. vor der Clusteranalyse muss bekannt sein, wie viele Cluster in den Daten enthalten sind. In vielen Anwendungen ist c jedoch unbekannt und muss erst durch Analyse der Daten abgeschätzt werden. Hierzu eignet sich ein Verfahren, das die Clusteranalyse wiederholt für unterschiedliche Werte von c durchführt, die erhaltenen Partitionen *bewertet* und daraus die beste Partition auswählt. Die Bewertung der Partitionen wird auch *Clustervalidierung* genannt. Zu den gebräuchlichsten Maßen zur Clustervalidierung gehören die durchschnittliche quadratische Zugehörigkeit *(Partitionskoeffizient)* [11]

$$PC(U) = \frac{1}{n} \sum_{k=1}^{n} \sum_{i=1}^{c} u_{ik}^2, \qquad (5.108)$$

die die durchschnittliche Entropie *(Klassifikationsentropie)* [158]

$$CE(U) = \frac{1}{n} \sum_{k=1}^{n} \sum_{i=1}^{c} -u_{ik} \cdot \log u_{ik} \qquad (5.109)$$

und der Durchschnitt der Maximalzugehörigkeiten *(Proportionsexponent)* [158]

$$PE(U) = \frac{1}{n} \sum_{k=1}^{n} \max_i u_{ik}. \qquad (5.110)$$

Die beste Partition zeichnet sich durch den höchsten Partitionskoeffizienten, den höchsten Proportionsexponenten oder die niedrigste Klassifikationsentropie aus. Der zugehörige Parameter c ist ein Schätzwert für die Anzahl der natürlichen Cluster in X.

5.7   Verteilte Agentensysteme

Zur Minimierung von Clustermodellen wurde in Abschnitt 5.6 stets alternierende Optimierung verwendet und mit dieser Architektur die alternierende Clusterschätzung definiert. Clustermodelle können jedoch mit zahlreichen anderen Optimierungsmethoden minimiert werden. Aus der Literatur sind Clustermethoden mit hybriden Ansätzen (Relaxation) [60], genetischen Algorithmen [3, 41], Reformulierung [49] und verteilten Agentensystemen [120] bekannt.

Ein Agent ist ein autonomes, selbständiges, reaktives und pro–aktives Computersystem, das mit anderen Agenten kommunizieren kann und typisch einen bestimmten Aktionsbereich besitzt [160]. Verteilte Agentensysteme [155] können zur Lösung verteilter Aufgaben verwendet werden, indem jede Teilaufgabe durch einen Agenten repräsentiert wird und alle Agenten gemeinsam eine Gesamtlösung finden.

Ein anschauliches und amüsantes Beispiel für die Optimierung mit Agentensystemen ist das *El Farol* Problem [2]. „El Farol" ist der Name eines an Donnerstagen gut besuchten irischen Pubs in Santa Fe. Die Besucher dieses Pubs genießen den Abend dort nur, wenn es nicht allzu voll dort ist. Da sich die Besucher nicht absprechen, entscheidet sich jeder einzelne potenzielle Gast aufgrund der Besucherzahlen der vergangenen Wochen, z.B.

$$\ldots, 44, 78, 56, 15, 23, 67, 84, 34, 45, 76, 40, 56, 22, 35, \qquad (5.111)$$

für oder gegen einen Besuch. Das El Farol Modell geht von einer festen Anzahl von 100 potenziellen Besuchern aus, von denen jeder einzelne durch einen individuellen Agenten repräsentiert wird. Jeder Besucher genießt den Abend in El Farol, wenn höchstens 60 der 100 Gäste anwesend sind. Jeder Agent versucht also die Anzahl der Gäste vorherzusagen. Er entscheidet sich für einen Besuch, wenn er mit höchstens 60 Gästen rechnet, ansonsten entscheidet er sich gegen einen Besuch. Zur Prädiktion der Besucherzahl besitzt jeder Agent einen individuellen Satz von Hypothesen, z.B. „Die Besucherzahl ist

- die gleiche wie letzte Woche" (35),

- der gerundete Mittelwert der letzten vier Wochen" (49) oder

- der Trend der letzten acht Wochen begrenzt durch 0 und 100" (29).

Aus seinem individuellen Satz von Hypothesen benutzt jeder Agent seinen zuverlässigsten Prädiktor. Nach jeder Entscheidung erfährt jeder Agent die tatsächliche Anzahl von Gästen und korrigiert die Zuverlässigkeit seiner gewählten Hypothese. In einer Simulation dieses verteilten Agentensystems wurde trotz sehr einfacher Hypothesen eine durchschnittliche Besucheranzahl von etwa 60 erreicht, die dem globalen Optimum des Systems entspricht.

Dieser Ansatz kann auch auf die Clusteranalyse übertragen werden [120]. Eine Möglichkeit besteht darin, jedem Element u_{ik}, $i = 1, \ldots, c-1$, $k = 1, \ldots, n$, der Partitionsmatrix einen Agenten zuzuweisen und die letzte Spalte von U gemäß der probabilistischen Normalisierungsbedingung zu ergänzen.

$$u_{ck} = 1 - \sum_{i=1}^{c-1} u_{ik}, \quad k = 1, \ldots, n \tag{5.112}$$

In jedem Iterationsschritt $t = 1, \ldots, t_{\max}$ bestimmt jeder der $(c-1) \cdot n$ Agenten jeweils eine Zugehörigkeit $u_{ik}^{(t)}$ auf der Basis der vorangegangenen Partition $U^{(t-1)}$. Hierzu wählt jeder Agent aus einem individuellen Satz von Aktionen diejenige mit der höchsten Zuverlässigkeit aus (bzw. im Falle mehrerer Maxima die erste von diesen). Die individuellen Zuverlässigkeitswerte werden mit Null initialisiert, und nach jedem Schritt wird die Zuverlässigkeit der gewählten Aktion um eins erhöht, falls die Aktion erfolgreich war, und andernfalls um eins erniedrigt. Die Aktion gilt als erfolgreich, falls sich im aktuellen Zeitschritt die Kostenfunktion J (5.90) verringert hat, wobei die Clusterzentren wie bei der alternierenden Optimierung als erste Momente (5.93) berechnet werden. Die folgenden acht möglichen Aktionen der Agenten wurden willkürlich definiert:

1. Verschiebe u_{ik} zum Mittelwert $\bar{u}$ der Zugehörigkeiten der linken und rechten Nachbarn hin!

$$u_{ik}^{(t)} = \frac{9}{10} \cdot u_{ik}^{(t-1)} + \frac{1}{10} \cdot \frac{1}{2} \left(u_{i\,(k-1)}^{(t-1)} + u_{i\,(k+1)}^{(t-1)} \right) \tag{5.113}$$

2. Verschiebe u_{ik} zum Mittelwert von $\bar{u}$ und der Extrapolation der rechten beiden Nachbarn!

$$u_{ik}^{(t)} = \frac{9}{10} \cdot u_{ik}^{(t-1)} + \frac{1}{10} \left(\frac{5}{4} \cdot u_{i\,(k+1)}^{(t-1)} - \frac{1}{2} \cdot u_{i\,(k+2)}^{(t-1)} + \frac{1}{4} \cdot u_{i\,(k-1)}^{(t-1)} \right) \quad (5.114)$$

3. Verschiebe u_{ik} zum Mittelwert von $\bar{u}$ und der Extrapolation der linken beiden Nachbarn!

$$u_{ik}^{(t)} = \frac{9}{10} \cdot u_{ik}^{(t-1)} + \frac{1}{10} \left(\frac{5}{4} \cdot u_{i\,(k-1)}^{(t-1)} - \frac{1}{2} \cdot u_{i\,(k-2)}^{(t-1)} + \frac{1}{4} \cdot u_{i\,(k+1)}^{(t-1)} \right) \quad (5.115)$$

4. Verschiebe u_{ik} zum "erhöhten Mittelwert" $\alpha \cdot 1 + (1 - \alpha) \cdot \bar{u}_{ik}$!

$$u_{ik}^{(t)} = \frac{9}{10} \cdot u_{ik}^{(t-1)} + \frac{1}{10} \left[\frac{9}{10} \cdot \frac{1}{2} \left(u_{i\,(k-1)}^{(t-1)} + u_{i\,(k+1)}^{(t-1)} \right) + \frac{1}{10} \cdot 1 \right] \quad (5.116)$$

5. Verschiebe u_{ik} zum "verringerten Mittelwert" $\alpha \cdot 0 + (1 - \alpha) \cdot \bar{u}_{ik}$!

$$u_{ik}^{(t)} = \frac{9}{10} \cdot u_{ik}^{(t-1)} + \frac{1}{10} \left[\frac{9}{10} \cdot \frac{1}{2} \left(u_{i\,(k-1)}^{(t-1)} + u_{i\,(k+1)}^{(t-1)} \right) \right] \quad (5.117)$$

6. Verschiebe u_{ik} zum Maximum der Nachbarn plus 1/10!

$$u_{ik}^{(t)} = \frac{9}{10} \cdot u_{ik}^{(t-1)} + \frac{1}{10} \left(\max \left\{ u_{i\,(k-1)}^{(t-1)}, u_{i\,(k+1)}^{(t-1)} \right\} + \frac{1}{10} \right) \quad (5.118)$$

7. Verschiebe u_{ik} zum Minimum der Nachbarn minus 1/10.

$$u_{ik}^{(t)} = \frac{9}{10} \cdot u_{ik}^{(t-1)} + \frac{1}{10} \left(\min \left\{ u_{i\,(k-1)}^{(t-1)}, u_{i\,(k+1)}^{(t-1)} \right\} - \frac{1}{10} \right) \quad (5.119)$$

8. Wähle

$$u_{ik}^{(t)} = \begin{cases} s_{ik}^{(t-1)} u_{ik}^{(t-1)} + \left(1 - s_{ik}^{(t-1)} \right) m_{ik}^{(t-1)} & \text{falls } s_{ik}^{(t-1)} < 1 \\ u_{ik}^{(t-1)} & \text{sonst,} \end{cases} \quad (5.120)$$

mit den Mittelwerten und Varianzen der nächsten und übernächsten Nachbarn gemäß

$$m_{ik} = \frac{1}{4} \left(u_{i\,(k-2)} + u_{i\,(k-1)} + u_{i\,(k+1)} + u_{i\,(k+2)} \right), \quad (5.121)$$

$$s_{ik}^2 = \frac{1}{3} \Big(\left(u_{i\,(k-2)} - m_{ik} \right)^2 + \left(u_{i\,(k-1)} - m_{ik} \right)^2 +$$

$$+ \left(u_{i\,(k+1)} - m_{ik} \right)^2 + \left(u_{i\,(k+2)} - m_{ik} \right)^2 \Big). \quad (5.122)$$

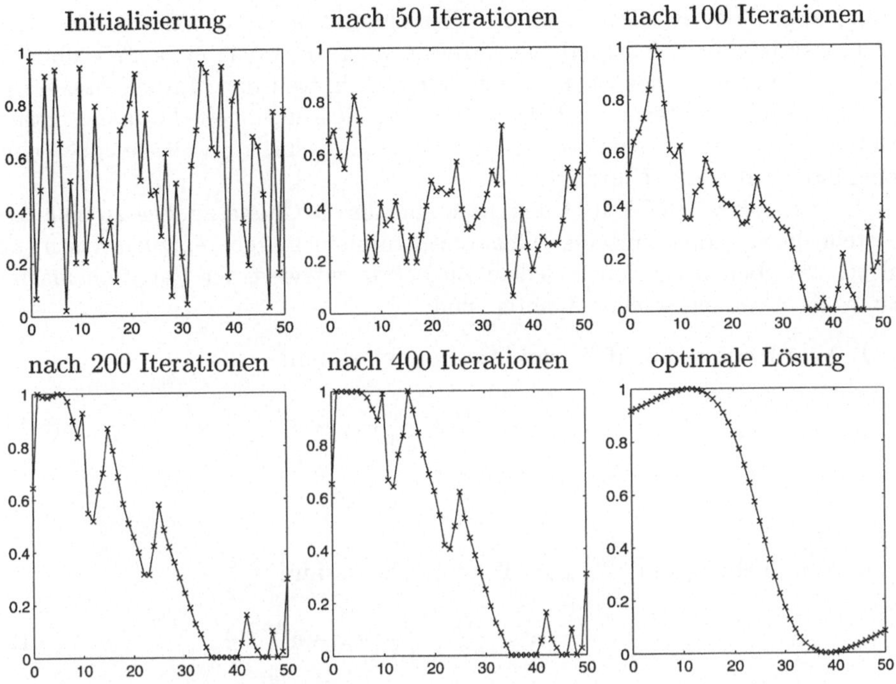

Abbildung 5.19: Mit verteilten Agentensystemen gewonnene Partitionen

Für diese Aktionen wird eine periodische Indizierung vorausgesetzt, d.h.

$$x_k = x_{k+i\cdot n}, \quad k = 1,\ldots,n, \quad i \in \{\ldots,-1,0,1,\ldots\}, \qquad (5.123)$$

und nach Ausführung der Aktion werden alle Zugehörigkeiten durch Abschneiden auf den Wertebereich $u \in [0,1]$ begrenzt. Jedem Agenten werden zufällig fünf dieser acht möglichen Aktionen in zufälliger Reihenfolge zugewiesen. Als Beispiel wird das Multiagentensystem benutzt, um im Datensatz

$$X = \{0,1,\ldots,50\} \qquad (5.124)$$

$c = 2$ Cluster zu finden. Die Partitionsmatrix wird zufällig initialisiert, so dass sich die in Abbildung 5.19 oben links gezeigten Zugehörigkeiten für den ersten Cluster ergeben. Nach 50 Aktionen aller Agenten ergeben sich die oben in der Mitte gezeigten Zugehörigkeiten. Es ist eine Angleichung der Zugehörigkeiten eingetreten. Nach 100 Iterationen (oben rechts) bilden sich hohe Zugehörigkeiten für Werte um $x = 5$ und niedrige Zugehörigkeiten für Werte um $x = 35$ heraus. Die Gebiete hoher und niedriger Zugehörigkeiten haben sich nach 200 Iterationen (Abbildung unten links) weiter ausgebreitet. Nach 400 Iterationen (Abbildung unten Mitte) sind die Zugehörigkeiten nahe an der optimalen Lösung, die mit alternierender Optimierung des FCM–Modells gefunden wurde und rechts unten abgebildet ist. Der Wert der Kostenfunktion J, der durch das Multiagentensystem in 400 Iterationen erreicht wird, liegt nur etwa 27% über der optimalen Lösung. Dies ist deswegen erstaunlich, weil das Multiagentensystem im Gegensatz zur alternierenden Optimierung die funktionelle Form der Kostenfunktion nicht kennt, sondern in jedem Iterationsschritt jeweils lediglich einen singulären Wert von J abfragt.

Eine zweite Möglichkeit, Agentensysteme für die Clusteranalyse zu benutzen, besteht darin, jedem einzelnen Clusterzentrum einen Agenten zuzuweisen (und nicht, wie oben beschrieben, jedem Zugehörigkeitswert der Partitionsmatrix). Sinnvolle Aktionen solcher Agenten sind:

1. Verschiebe v_i um 10% zum Datenpunkt x_1 hin!

$$v_i^{(t)} = v_i^{(t-1)} + \frac{1}{10}\left(x_1 - v_i^{(t-1)}\right) \tag{5.125}$$

$$\vdots$$

n. Verschiebe v_i um 10% zum Datenpunkt x_n hin!

$$v_i^{(t)} = v_i^{(t-1)} + \frac{1}{10}\left(x_n - v_i^{(t-1)}\right) \tag{5.126}$$

(n+1). Verschiebe v_i um 1% vom Datenpunkt x_1 weg!

$$v_i^{(t)} = v_i^{(t-1)} - \frac{1}{100}\left(x_1 - v_i^{(t-1)}\right) \tag{5.127}$$

$$\vdots$$

(2n). Verschiebe v_i um 1% vom Datenpunkt x_n weg!

$$v_i^{(t)} = v_i^{(t-1)} - \frac{1}{100}\left(x_n - v_i^{(t-1)}\right) \tag{5.128}$$

Als Beispiel wird dieses Multiagentensystem benutzt, um im Datensatz

$$X = \left\{ \begin{pmatrix} 2 \\ 5 \end{pmatrix}, \begin{pmatrix} 3 \\ 4 \end{pmatrix}, \begin{pmatrix} 3 \\ 5 \end{pmatrix}, \begin{pmatrix} 3 \\ 6 \end{pmatrix}, \begin{pmatrix} 4 \\ 5 \end{pmatrix}, \begin{pmatrix} 5 \\ 5 \end{pmatrix}, \right. \tag{5.129}$$

$$\left. \begin{pmatrix} 6 \\ 5 \end{pmatrix}, \begin{pmatrix} 7 \\ 4 \end{pmatrix}, \begin{pmatrix} 7 \\ 5 \end{pmatrix}, \begin{pmatrix} 7 \\ 6 \end{pmatrix}, \begin{pmatrix} 8 \\ 5 \end{pmatrix} \right\} \tag{5.130}$$

(Kreuze in Abbildung 5.20 — vgl. (5.86) in Abbildung 5.15) $c = 2$ Cluster zu finden. Wir nennen das Zentrum des linken Datenkreuzes ($x_3 = \begin{pmatrix} 3 \\ 5 \end{pmatrix}$) „linker Fixpunkt" und das Zentrum des rechten Datenkreuzes ($x_9 = \begin{pmatrix} 7 \\ 5 \end{pmatrix}$) „rechter Fixpunkt". Da der gesamte Datensatz $n = 11$ Punkte enthält, sind insgesamt $2n = 22$ der oben spezifizierten Agentenaktionen möglich, wovon jedem der $c = 2$ Agenten zufällig und in zufälliger Reihenfolge fünf zugewiesen werden.

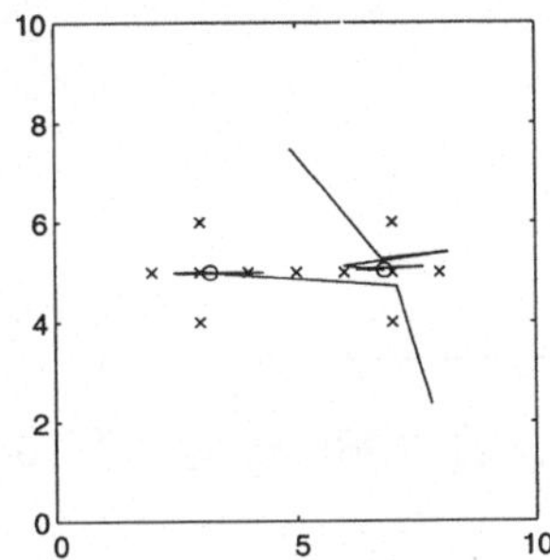

Abbildung 5.20: Mit verteilten Agentensystemen gewonnene Clusterzentren

Beide Clusterzentren werden zufällig in $v_i \in [0, 10]^2$, $i = 1, 2$, initialisiert und anschließend abwechselnd durch die beiden Agenten modifiziert. Die beiden Linienzüge in Abbildung 5.20 zeigen die Veränderungen der beiden Clusterzentren nach jedem einzelnen Iterationsschritt. Zu Beginn bewegen sich beide Zentren auf den rechten Fixpunkt zu, dann weicht jedoch ein Zentrum in Richtung des linken Fixpunkts aus. Die Veränderungen (Linienlängen) werden im Laufe der Iterationen immer kleiner, so dass sich die Zentren immer mehr den beiden Fixpunkten annähern. Tatsächlich sind die beiden Fixpunkte gute Kandidaten für die natürlichen Clusterzentren.

Diese beiden relativ einfachen Beispiele zeigen, wie Agentensysteme zur Datenanalyse eingesetzt werden können. Aus den beliebig definierten einfachen Agentenaktionen entwickelt sich ein komplexes Verhalten [23]. Obwohl die Agenten individuell unabhängig handeln, ergeben sich kooperative Strategien [22]. Die besonderen Stärken von Agentensystemen scheinen dort zu liegen, wo die Kostenfunktionen besonders komplex sind oder die Daten auf verschiedene Systeme verteilt sind. Ein wichtiges Beispiel für verteilt gespeicherte Daten ist das Internet. Hier lassen sich vorteilhaft Web–Mining–Agenten [88] einsetzen.

5.8 Clustering für Entscheidungsbäume

Die in Abschnitt 5.5 beschriebenen Methoden zur datengetriebenen Exraktion von Entscheidungsbäumen (ID3, CART, C4.5) benutzen *klassifizierte* Datensätze $X \subset \mathbb{R}^p \times \{1, \ldots, c\}$. Algorithmen, die datengetriebene Modelle unter Benutzung von Klasseninformationen erstellen, werden auch *überwachte Lernalgorithmen* genannt. Die Clusteralgorithmen aus Abschnitt 5.6 sind im Gegensatz dazu *unüberwachte Lernalgorithmen*, denn sie benutzen *unklassifizierte* Datensätze $X \subset \mathbb{R}^p$. Mit einer Kombination aus Elementen der überwachten Entscheidungsbaum–Algorithmen und Elementen der unüberwachten Clusteranalyse lassen sich sinnvolle Entscheidungsbäume auch aus unklassifizierten Daten erstellen. Diesen kombinierten Algorithmus nennen wir *Entscheidungsbaum–Clustering (Decision Tree Clustering, DTC)* [131] (siehe Abbildung 5.21). Analog

- Gegeben $X = \{x_1, \ldots, x_n\} \subset \mathbb{R}^p$, $c_{\max} \in \{2, 3, \ldots, n-1\}$,
  ACE–Parameter P
  <u>call</u> DTC$(X, \text{Wurzel}, \{1, \ldots, p\})$

- <u>procedure</u> DTC(X, N, I)

  1. <u>if</u> Hopkins–Index $h(X) \leq 0.5$ (5.107) <u>then</u> <u>return</u>
  2. <u>for</u> $j \in I$, $d = 2, \ldots, c_{\max}$
     - Bestimme Partition U^{jd} und Prototypen V^{jd} mit ACE

       $$(U^{jd}, V^{jd}) = \text{ACE}(X^{(j)}, P, d)$$

     - Berechne Partitionskoeffizient $\pi_{jd} = \text{PC}(U^{jd})$ (5.108)
  3. Bestimme Indizes von Gewinnerpartition U^{ic} und –prototypen V^{ic}

     $$(i, c) = \text{argmax}\{\pi_{jd}\}$$

  4. Sortiere die Clusterzentren so, dass $v_{1*}^{ic} \leq \ldots \leq v_{c*}^{ic}$
  5. Setze $v_{0*}^{ic} = -\infty$, $v_{c+1*}^{ic} = \infty$
  6. Zerlege X in c disjunkte Teilmengen

     $$X_{ki} = \left\{ x \in X \mid \frac{v_{k-1*}^{ic} + v_{k*}^{ic}}{2} \leq x^{(i)} < \frac{v_{k*}^{ic} + v_{k+1*}^{ic}}{2} \right\}, \; k = 1, \ldots, c$$

  7. <u>for</u> k mit $X_{ki} \neq \{\}$
     - Generiere neuen Knoten N_k und hänge ihn an N
     - <u>if</u> $I \neq \{i\}$ <u>then</u> <u>call</u> DTC$(X_{ki}, N_k, I\backslash\{i\})$

Abbildung 5.21: Aufbau eines Entscheidungsbaums mit DTC

zu ID3 (Abbildung 5.8) arbeitet DTC rekursiv von einem Wurzelknoten aus. An der Wurzel wird der gesamte Datensatz $X = \{x_1, \ldots, x_n\} \subset \mathbb{R}^p$ betrachtet und zunächst mit Hilfe des Hopkins–Index (5.107) überprüft, ob X überhaupt Cluster enthält, ob also $h > 0.5$ ist. Falls in X Cluster enthalten sind, wird für jede Komponente $j = 1, \ldots, p$ eine Clusteranalyse mit einer ACE–Instanz durchgeführt. Der ACE–Algorithmus erhält die vorher spezifizierten Parameter P sowie die Clusteranzahl d, die von 2 bis zu einer Maximalzahl $c_{\max}$ variiert wird. Für die Zugehörigkeitsfunktionen $u_d(x)$, $d = 1, \ldots, c_{\max}$, in ACE kann z.B. die FCM–Version (5.97) und für die Partitionsfunktionen $v_d(x)$, $d = 1, \ldots, c_{\max}$, die Schwerpunktfunktion (5.93) verwendet werden. Für jede Komponente $j = 1, \ldots, p$ und jede Clusteranzahl $d = 2, \ldots, c_{\max}$ werden also eine Partition U^{jd} und die zugehörigen Prototypen V^{jd} bestimmt. Die beste dieser Partitionen zeichnet sich durch den höchsten Partitionskoeffizienten (5.108) aus

$$\mathrm{PC}(U^{ic}) = \max\{\mathrm{PC}(U^{jd}) \mid j \in I, d \in \{2, \ldots, c_{\max}\}\} \tag{5.131}$$

Die (Gewinner–)Datendimension i wird benutzt, um den Datensatz X in c Teilmengen X_{ki}, $k = 1, \ldots, c$, zu zerlegen.

$$X_{ki} = \{x \in X \mid b_{k-1}^{ic} \leq x^{(i)} < b_k^{ic}\}, \quad k = 1, \ldots, c \tag{5.132}$$

Um ein offenes unterstes bzw. oberstes Intervall zu erhalten, wird $b_0^{ic} = -\infty$ und $b_c^{ic} = \infty$ gesetzt. Zur Bestimmung der übrigen Grenzen $b_1^{ic}, \ldots, b_{c-1}^{ic}$ werden die Clusterzentren $V^{ic} \subset \mathbb{R}$ sortiert, so dass $v_{1*}^{ic} \leq \ldots \leq v_{c*}^{ic}$. Die Grenzen $b_1^{ic}, \ldots, b_{c-1}^{ic}$ werden dort platziert, wo sich benachbarte Zugehörigkeitsfunktionen schneiden.

$$u_{k*}^{ic}(b_k^{ic}) = u_{k+1*}^{ic}(b_k^{ic}) \quad k = 1, \ldots, c-1 \tag{5.133}$$

Für FCM–Zugehörigkeitsfunktionen (5.97) ergibt sich daraus

$$1 \left/ \sum_{l=1}^{c} \left| \frac{b_k^{ic} - v_{k*}^{ic}}{b_k^{ic} - v_l^{ic}} \right|^{\frac{2}{m-1}} = 1 \right/ \sum_{l=1}^{c} \left| \frac{b_k^{ic} - v_{k+1*}^{ic}}{b_k^{ic} - v_l^{ic}} \right|^{\frac{2}{m-1}} \tag{5.134}$$

Dies ist erfüllt für

$$|b_k^{ic} - v_{k*}^{ic}| = |b_k^{ic} - v_{k+1*}^{ic}| \quad \Rightarrow \quad b_k^{ic} = \frac{v_{k*}^{ic} + v_{k+1*}^{ic}}{2}. \tag{5.135}$$

Die optimalen Grenzen liegen also genau zwischen benachbarten Clusterzentren. Für jede der durch diese Grenzen festgelegten (nichtleeren) Teilmengen wird ein neuer Knoten angehängt und DTC rekursiv für die verbleibenden Komponenten aufgerufen, bis alle Komponenten durchlaufen sind. Die Clustervalidität kann statt mit dem Partitionskoeffizienten PC (5.108) natürlich auch mit der Klassifikationsentropie CE (5.109) oder dem Proportionsexponenten PE (5.110) bestimmt werden. Beim Proportionsexponenten müssen die Gewinnerpartitionen und –prototypen allerdings mit der argmin–Funktion statt mit argmax bestimmt werden.

5.9 Regelerzeugung

Die in den letzten Abschnitten vorgestellten Datenanalysemethoden ermitteln Analyseergebnisse in Form von parametrischen Gleichungen, Verzweigungsbedingungen in Entscheidungsbäumen oder Prototypparametern. Solche abstrakten Repräsentationen [19] sind für Menschen nur schwer zu interpretieren. Für Menschen wesentlich leichter zu verstehen sind dagegen *Regeln*, z.B. in der Form *„wenn (Prämisse), dann (Konklusion)"* [9]. Ein mit LVQ oder Q^* erzeugter Nächster–Nachbar–Klassifikator nach (5.50) lässt sich durch c Regeln der Form

$$R_i : \text{ Wenn } x \text{ nahe bei } v_i^{(1,\dots,p)}, \text{ dann Klasse } v_i^{(p+1)}, \tag{5.136}$$

$i = 1, \dots, c$, darstellen. Ein Klassifikator, der durch Clustering mit Punktprototypen erzeugt wurde, lässt sich analog darstellen durch c Regeln [38, 65, 55] der Form

$$R_i : \text{ Wenn } x \text{ nahe bei } v_i, \text{ dann Cluster } i. \tag{5.137}$$

Falls die Cluster nachträglich bestimmten Klassen zugeordnet werden, ergibt sich dafür eine Schreibweise wie in (5.136). Da die Clusteranalyse neben den Prototypparametern auch die Zugehörigkeitsfunktionen der Cluster liefert, lässt sich die Prämisse „x nahe bei v_i" schlicht als die Zugehörigkeit von x zu Cluster i schreiben. Damit wird (5.137) zu

$$R_i : \text{ Wenn } u_i(x), \text{ dann Cluster } i. \tag{5.138}$$

Die scharfe Zuordnung zu einem Cluster kann erfolgen, indem alle Regeln ausgewertet werden und das Cluster mit der höchsten Zugehörigkeit $u_i(x)$, $i = 1, \dots, c$, ausgewählt wird.

In einem Entscheidungsbaum wie in Abbildung 5.7 lässt sich jeder Pfad von der Wurzel zu einem Blatt als eine Regel schreiben, deren Prämisse die Konjunktion aller besuchten Kantenmarkierungen und deren Konklusion die Klasse des Blattes enthält, z.B.

$$\text{Wenn } b = 2 \text{ und } h > 1m, \text{dann Mensch.} \tag{5.139}$$

Die Regeln (5.136) bis (5.139) heißen *Klassifikationsregeln*, da sie jedem Eingangswert $x \in \mathbb{R}^p$ eine Klasse zuweisen. Im Gegensatz dazu bestimmen *Approximationsregeln* zu jedem Eingangswert $x \in \mathbb{R}^p$ einen Ausgangswert $y \in \mathbb{R}^q$. Das Ergebnis einer lineare Regression kann z.B. qualitativ als eine *Je–Desto–Regel* dargestellt werden.

$$\text{Je größer } x, \text{ desto kleiner } y \tag{5.140}$$

Für die Erzeugung von Approximationsregeln eignet sich auch die lokale Modellierung mit Clustermethoden. Hierzu werden die Eingangsdaten $X = \{x_1, \dots, x_n\} \subset \mathbb{R}^p$ mit den zugehörigen Augangsdaten $Y = \{y_1, \dots, y_n\} \subset \mathbb{R}^q$ eines Systems konkateniert, so dass ein *Ein–Ausgangsdatensatz* oder *Produktraumdatensatz*

$$Z = \{z_1, \dots, z_n\} = \{(x_1, y_1), \dots, (x_n, y_n)\} \subset \mathbb{R}^{p+q} \tag{5.141}$$

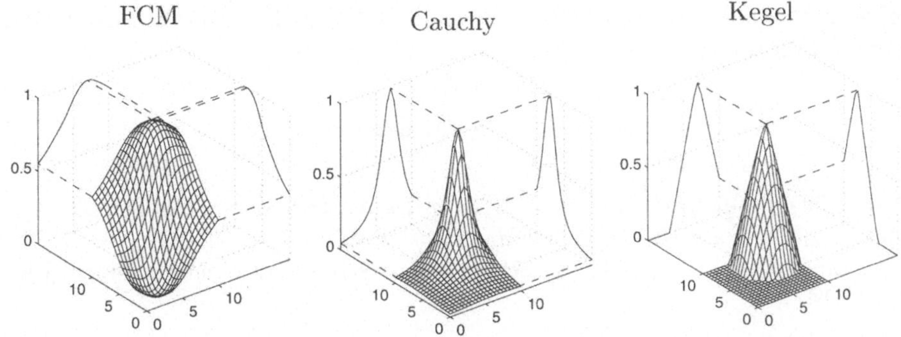

Abbildung 5.22: Regelerzeugung durch Projektion von Clusterzugehörigkeiten

entsteht [97]. Wird eine Clusteranalyse dieses Datensatzes Z durchgeführt, so lässt sich jedes Clusterzentrum als eine Konkatenation eines typischen Eingangsvektors $v_i^{(1,\dots,p)}$ mit dem entsprechenden Ausgangsvektor $v_i^{(p+1,\dots,p+q)}$ schreiben. Jedes Clusterzentrum entspricht also einer Regel

$$R_i \; : \; \text{Wenn } x \text{ nahe bei } v_i^{(1,\dots,p)}, \;\; \text{dann } y \text{ nahe bei } v_i^{(p+1,\dots,p+q)}. \qquad (5.142)$$

Wie schon beim Übergang von (5.137) zu (5.138) liegt es nahe, die Ausdrücke mit „nahe bei" durch entsprechende Zugehörigkeiten zu ersetzen.

$$R_i \; : \; \text{Wenn } u_i^x(x), \;\; \text{dann } u_i^y(y) \qquad (5.143)$$

Da der Clusteralgorithmus jedoch nur die Zugehörigkeitsfunktion $u_i((x,y))$ im Produktraum liefert, müssen die Zugehörigkeitsfunktionen u_i^x und u_i^y durch *Projektion* bestimmt werden. Falls die Werte von x und y auf die Intervalle $[x_{\min}, x_{\max}]$ bzw. $[y_{\min}, y_{\max}]$ beschränkt sind, lassen sich diese Projektionen über die Suprema aller Projektionen schreiben.

$$u_i^x = \sup_{y \in [y_{\min}, y_{\max}]} \{u_i(x,y)\} \qquad (5.144)$$

$$u_i^y = \sup_{x \in [x_{\min}, x_{\max}]} \{u_i(x,y)\} \qquad (5.145)$$

Abbildung 5.22 zeigt die Zugehörigkeitsfunktionen u_2, u_2^x und u_2^y für die alternierende Clusterschätzung mit FCM– (5.97), Cauchy– (5.98) und Kegelfunktionen (5.99). Die Zugehörigkeitsfunktionen u_i lassen sich nicht nur auf den Ein– und den Ausgangsraum projizieren, sondern auf jede einzelne Komponente von Ein– und Ausgangsraum. Analog zu (5.144) und (5.145) lauten die einzelnen projizierten Zugehörigkeitsfunktionen

$$u_{il}(z^{(l)}) = \sup_{z^{(\neg l)} \in [z_{\min}^{(\neg l)}, z_{\max}^{(\neg l)}]} \{u_i(z)\}, \qquad (5.146)$$

wobei $z^{(\neg l)} = z^{(1,\dots,l-1,l+1,\dots,p+q)}$, $l = 1,\dots,p+1$. Jede Regel R_i (5.143) wird dadurch in q Regeln

$$R_{im} : \text{ Wenn } \bigwedge_{l=1}^{p} u_{il}(x^{(l)}), \text{ dann } u_{i\,p+m}(y^{(m)}), \qquad (5.147)$$

jeweils für eine Komponente $m = 1,\dots,q$ des Ausgangsraums, aufgeteilt. Eine Regel R_{im} der Form (5.147) heißt *Mamdani–Assilian–Regel* [21, 42, 76, 81]. Für einen Eingangsvektor $\xi \in \mathbb{R}^p$ berechnet sich das Resultat einer einzelnen Regel R_{im} (5.147) zu

$$\mu_{im}(y^{(m)}) = u_{i\,(p+m)}(y^{(m)}) \wedge \bigwedge_{l=1}^{p} u_{il}(\xi^{(l)}), \qquad (5.148)$$

$i = 1,\dots,c$, $m = 1,\dots,q$, wobei die Konjunktion $\wedge$ der Zugehörigkeitswerte durch eine beliebige *Dreiecksnorm (t–Norm)* [140], z.B. das Minimum $u \wedge v = \min\{u,v\}$, implementiert werden kann. Das Gesamtresultat eines kompletten Mamdani–Assilian–Regelsatzes $\mathcal{R} = \{R_{im} \mid i = 1,\dots,c,\ m = 1,\dots,p\}$ ist

$$y^{(m)} = d\left(\bigvee_{i=1}^{c} \mu_{im}(y^{(m)}) \right) \qquad (5.149)$$

$m = 1,\dots,p$, wobei die Disjunktion $\vee$ eine beliebige *Dreiecksconorm (t–Conorm)* [140] ist, z.B. das Maximum $u \vee v = \max\{u,v\}$. Die Funktion d ein sogenannter *Defuzzifizierungsoperator* [113, 114, 115], z.B. die Schwerpunktmethode (erstes Moment).

$$d_{\text{COG}}(\mu(x)) = \left(\int_{-\infty}^{\infty} \mu(x)\, x\, dx \right) \bigg/ \left(\int_{-\infty}^{\infty} \mu(x)\, dx \right) \qquad (5.150)$$

Da die Berechnung des Ausgangsvektors y aus dem Eingangsvektor x gemäß (5.148) bis (5.150) relativ aufwendig ist, werden die Zugehörigkeitsfunktionen $u_{i\,p+m}(y^{(m)})$, $m = 1,\dots,q$, häufig durch *Einerfunktionen (Singletons)* ersetzt, so dass

$$u_{i\,p+m}(y^{(m)}) = \begin{cases} 1 & \text{falls } y^{(m)} = v_i^{(p+m)} \\ 0 & \text{sonst} \end{cases}, \qquad (5.151)$$

d.h. die Konklusion jeder Regel R_{im} enthält nur den Wert einer Komponente des Clusterzentrums $v_i^{(p+m)}$. Mit dieser Vereinfachung der Mamdani–Assilian–Regel (5.147) ergibt sich eine *Sugeno–Yasukawa–Regel* [144]

$$R_{im} : \text{ Wenn } \bigwedge_{l=1}^{p} u_{il}(x^{(l)}), \text{ dann } y^{(m)} = v_i^{(p+m)}. \qquad (5.152)$$

Die Einerfunktionen der Mamdani–Assilian–Regeln erscheinen bei den Sugeno–Yasukawa–Regeln als konstante Konklusionen. Das Resultat eines gesamten

Sugeno–Yasukawa–Regelsatzes $\mathcal{R} = \{R_{im} \mid i = 1,\ldots,c,\ m = 1,\ldots,p\}$ ergibt sich für einen Eingangsvektor $\xi \in \mathbb{R}^p$ durch konvexe Kombination als

$$y^{(m)} = \frac{\sum\limits_{i=1}^{c} \left(\bigwedge\limits_{l=1}^{p} u_{il}(\xi^{(l)}) \right) \cdot v_i^{(p+m)}}{\sum\limits_{i=1}^{c} \bigwedge\limits_{l=1}^{p} u_{il}(\xi^{(l)})}. \tag{5.153}$$

Für den Datensatz X aus (5.67) wurden mit alternierender Optimierung des FCM–Modells, $c = m = 2$ und $t_{\max} = 100$ Iterationen die Zugehörigkeitfunktionen u_1, u_2, sowie die Clusterzentren v_1 und v_2 bestimmt. X wurde als Ein–Ausgangsdatensatz mit $p = q = 1$ interpretiert und durch Projektion die Eingangszugehörigkeitsfunktionen $u_{11}(x^{(1)})$ und $u_{21}(x^{(1)})$ bestimmt. Abbildung 5.23 (links oben) zeigt diese beiden Zugehörigkeitsfunktionen. Die entsprechenden beiden Sugeno–Yasukawa–Regeln lauten

$$R_{11}: \qquad \text{Wenn } u_{11}(x), \text{ dann } y = v_1^{(2)}, \tag{5.154}$$

$$R_{21}: \qquad \text{Wenn } u_{21}(x), \text{ dann } y = v_2^{(2)}. \tag{5.155}$$

Für $u_{11}(x^{(1)})$ kann die linguistische Bezeichnung „klein" und für $u_{21}(x^{(1)})$ „groß" benutzt werden. Mit den Projektionen $v_1^{(2)} = 2.3213$ und $v_2^{(2)} = 7.6787$ der Clusterzentren ergibt sich daraus

$$R_{11}: \qquad \text{Wenn } x = \text{klein, dann } y = 2.3213, \tag{5.156}$$

$$R_{21}: \qquad \text{Wenn } x = \text{groß, dann } y = 7.6787. \tag{5.157}$$

Abbildung 5.23 (links Mitte) zeigt die durch den Regelsatz (5.156) und (5.157) gemäß Auswertung nach (5.153) beschriebene Übertragungsfunktion $y(x)$ für $x \in [0, 10]$. In den Eingangsprojektionen der Clusterzentren $x = v_1^{(1)}$ und $x = v_2^{(1)}$ liefert das Sugeno–Yasukawa–System die Ausgangsprojektionen der Clusterzentren $y(v_1^{(1)}) = v_1^{(2)}$ und $y(v_1^{(2)}) = v_2^{(2)}$. Dazwischen wird nichtlinear interpoliert. Die Extrapolation für $x < v_1^{(1)}$ und $x > v_2^{(1)}$ nähert sich dem Mittelwert $y(-\infty) = y(\infty) = (v_1^{(2)} + v_2^{(2)})/2$ an, je weiter sich x von den Clusterzentren entfernt. Die mittlere Spalte in Abbildung 5.23 zeigt die entsprechenden Diagramme für Cauchy–Funktionen (5.98) mit $\eta_1 = \eta_2 = 1.5$, $m = 2$. Die entsprechende Übertragungsfunktion $y(x)$ verläuft nicht durch die Clusterzentren, da dort beide Zugehörigkeitsfunktionen von null verschieden sind. Die rechte Spalte in Abbildung 5.23 benutzt Dreiecksfunktionen nach (5.99) mit $r_1 = r_2 = 4$. Da die Clusterradien kleiner ist als der Abstand zwischen der Projektionen der Clusterzentren, besitzt in den Clusterzentren jeweils eine Zugehörigkeitsfunktion den Wert eins und die jeweils andere den Wert null. Dadurch verläuft die Übertragungsfunktion durch die Clusterzentren. In der Extrapolation behält die Übertragungsfunktion die Werte der Clusterzentren bei, d.h. $y(x) = v_1^{(2)}$ für alle $x \in [v_1^{(1)} - r_1, v_1^{(1)}]$ und $y(x) = v_2^{(2)}$ für alle $x \in [v_2^{(1)}, v_2^{(1)} + r_2]$. Außerhalb des Intervalls $x \in [v_1^{(1)} - r_1, v_2^{(1)} + r_2]$ ist die Funktion $y(x)$ jedoch undefiniert.

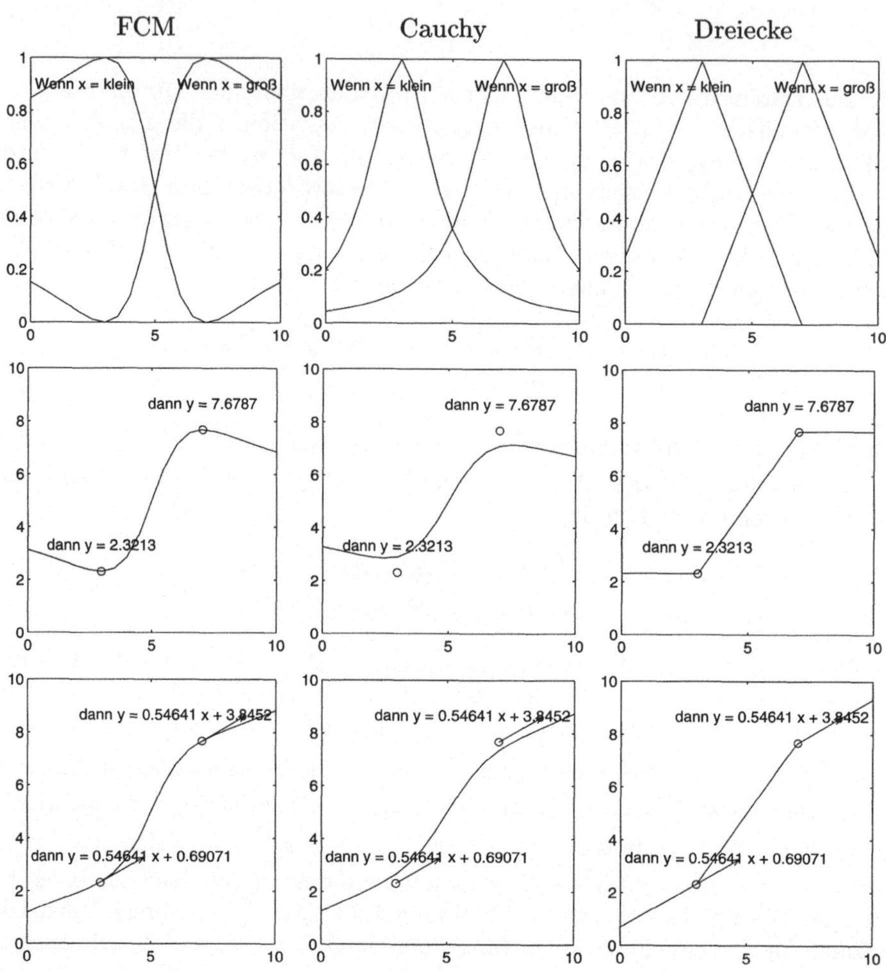

Abbildung 5.23: Erzeugte Regeln: Prämissen (oben), Sugeno–Yasukawa Konklusionen (Mitte) und Takagi–Sugeno Konklusionen (unten)

Für die Bestimmung von Mamdani–Assilian– und Sugeno–Yasukawa–Regeln wurden nur punktförmige Cluster mit den Zentren v_i berücksichtigt. Auch kompliziertere Clusterformen können zur Regelerzeugung benutzt werden. Elliptotypes (5.104) mit den Parametern $p_i = (v_i, d_{i1}, \ldots, d_{ip})$ sind z.B. wie in Abbildung 5.17 gezeigt lokal lineare Modelle für den Zusammenhang zwischen der Eingangsgröße $x \in \mathbb{R}^p$ und der Ausgangsgröße $y \in \mathbb{R}^q$.

$$\begin{pmatrix} x \\ y \end{pmatrix} = v_i + \sum_{j=1}^{p} \lambda_j d_{ij} = v_i + \lambda \cdot D \qquad (5.158)$$

$$\Rightarrow \quad x = v_i^{(1,\ldots,p)} + \lambda \cdot d^{(1,\ldots,p)}, \qquad (5.159)$$

$$y^{(m)} = v_i^{(p+m)} + \lambda \cdot d^{(p+m)} \qquad (5.160)$$

Jedes Elliptotype–Cluster kann also als q (lokale) Regeln mit den linearen Konklusionsfunktionen $y^{(m)} = f_{im}(x)$, $m = 1, \ldots, q$, geschrieben werden [116]. Mit (5.159) und (5.160) ergeben sich diese Regeln zu

$$f_{im}(x) = v_i^{(p+m)} + (x - v_i^{(1,\ldots,p)}) \cdot \left(d^{(1,\ldots,p)} \right)^{-1} \cdot d^{(p+m)}. \qquad (5.161)$$

Allgemein (also für beliebige Funktionen $f_{im} : \mathbb{R}^p \to \mathbb{R}$) heißen solche Regeln *Takagi–Sugeno–Regeln* [145].

$$R_{im} : \quad \text{Wenn} \quad \bigwedge_{l=1}^{p} u_{il}(x^{(l)}) \quad \text{dann} \quad y^{(m)} = f_{im}(x) \qquad (5.162)$$

Takagi–Sugeno–Regeln werden ähnlich wie Sugeno–Yasukawa–Regeln für einen Eingangsvektor $\xi \in \mathbb{R}^p$ durch konvexe Kombination ausgewertet.

$$y^{(m)} = \frac{\sum_{i=1}^{c} \left(\bigwedge_{l=1}^{p} u_{il}(\xi^{(l)}) \right) \cdot f_{im}(\xi)}{\sum_{i=1}^{c} \bigwedge_{l=1}^{p} u_{il}(\xi^{(l)})} \qquad (5.163)$$

Takagi–Sugeno–Regeln (5.162) mit konstanten Konklusionsfunktionen $f_{im}(x) = v_i^{(p+m)}$ sind äquivalent zu Sugeno–Yasukawa–Regeln (5.152). Die unterste Zeile in Abbildung 5.23 zeigt die Elliptotypes, die für den Datensatz X aus (5.67) mit alternierender Optimierung des FCE–Modells, $c = m = 2$, $\alpha = 0.5$ und $t_{\max} = 100$ Iterationen bestimmt wurden. Die beiden lokalen Modelle, die jeweils durch v_i (Kreis) und d_{i1} (Pfeil) dargestellt sind, lauten

$$f_{11}(x) = 0.54641\,x + 3.8542 \qquad (5.164)$$

$$f_{21}(x) = 0.54641\,x + 0.69071 \qquad (5.165)$$

Zusätzlich sind die Übertragungsfunktionen gemäß (5.163) für FCM–, Cauchy– und Dreieckszugehörigkeitsfunktionen dargestellt. In der Extrapolation werden

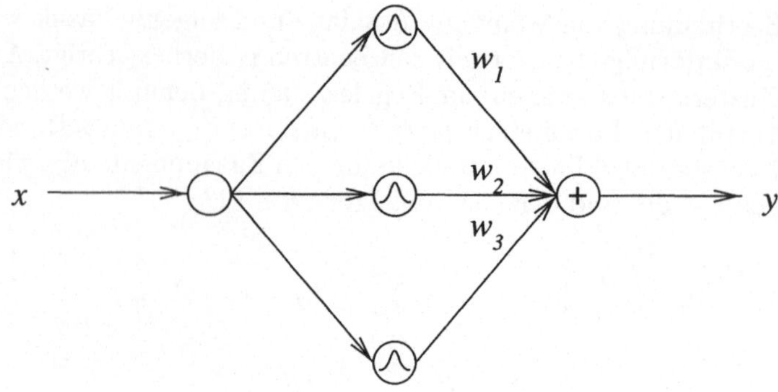

Abbildung 5.24: RBF–Netz mit drei radialen Basisfunktionen

bei Dreiecksfunktionen die äußersten linearen Modelle weitergeführt, in den beiden anderen Fällen findet eine Annäherung an ein „mittleres" Modell statt. Für Cauchy–Funktionen werden die Clusterzentren nicht durchlaufen. Bei Dreiecksfunktionen ergibt sich (wie auch schon in der mittleren Zeile) eine stückweise lineare Übertragungsfunktion.

5.10   Radiale Basisfunktionen

Netzwerke mit *radiale Basisfunktionen*, sogenannte *RBF–Netze* [45, 102, 103], sind mit Neuronen aufgebaut, die jeweils eine einzelne radiale Basisfunktion

$$u_i(x) = e^{-\left(\frac{x-\mu_i}{\sigma_i}\right)^2},\tag{5.166}$$

$\mu_i \in \mathbb{R}^p$, $\sigma_i > 0$, $i = 1,\dots,c$, realisieren. Abbildung 5.24 zeigt ein RBF–Netz mit drei solcher Basisfunktionen. Jedes Neuron ist mit dem Eingang x und über ein Gewicht $w_i \in \mathbb{R}$ mit dem summierenden Ausgangsneuron verbunden. Der Ausgang eines RBF–Netzes berechnet sich somit zu

$$y = \sum_{i=1}^{c} w_i \cdot e^{-\left(\frac{x-\mu_i}{\sigma_i}\right)^2}.\tag{5.167}$$

Ein Vergleich mit (5.153) zeigt, dass jedes RBF–Neuron als eine Sugeno–Yasukawa–Regel (5.152) mit der Zugehörigkeitsfunktion (5.166) und der Konklusion w_i

$$R_m : \text{ Wenn } u_i(x), \text{ dann } y = w_i.\tag{5.168}$$

beschrieben werden könnte, wenn alle Zugehörigkeitsfunktionen normalisiert wären.

$$\sum_{i=1}^{c} u_i(x) = 1 \text{ für alle } x \in \mathbb{R}^p\tag{5.169}$$

Dies ist jedoch in der Regel nicht der Fall. Allerdings werden oft Modifikationen von RBF–Netzen verwendet, bei denen die Zugehörigkeitsfunktionen $u_i(x)$ so modifiziert werden, dass die Normalisierungsbedingung (5.169) erfüllt ist. Diese Modifikationen sind Sugeno–Yasukawa–Systeme und keine RBF–Netze im eigentlichen Sinn. Die Ähnlichkeit zwischen Sugeno–Yasukawa–Systemen und RBF–Netzen bildet jedoch die wichtigste Schnittstelle zwischen neuronalen Netzen und Fuzzy–Systemen. In sogenannten *Neuro–Fuzzy–Systemen* wird die Struktur von Fuzzy–Regeln auf neuronale Architekturen abgebildet. Dadurch lassen sich einerseits Fuzzy–Regeln mit neuronalen Lernverfahren trainieren und andererseits neuronale Netze mit Fuzzy–Regeln (Expertenwissen) initialisieren [94].

Um RBF–Netzwerke mit Ein–Ausgangsdaten zu trainieren, werden die Zugehörigkeitsfunktionen u_i und Gewichte w_i getrennt bestimmt, im Gegensatz zu den in Abschnitt 5.6 beschriebenen Clustermethoden, bei denen Zugehörigkeiten und Prototypen gemeinsam durch alternierende Optimierung gewonnen werden. Zum Training der Zugehörigkeitsfunktionen (5.166) werden die Zentren μ_i und die Varianzen σ_i bestimmt, $i = 1, \ldots, c$. Dies kann durch Gradientenabstieg, Wettbewerbslernen *(Competitive Learning)* oder durch Clustermethoden wie alternierende Optimierung des c–Means–Modells oder selbstorganisierende Karten erfolgen. Für den Gradientenabstieg dient die mittlere quadratische Fehlerfunktion

$$E = \frac{1}{n} \sum_{k=1}^{n} \left(\sum_{i=1}^{c} w_i\, e^{-\left(\frac{x_k - \mu_i}{\sigma_i}\right)^2} - y_k \right)^2 \tag{5.170}$$

Daraus ergeben sich die Fehlergradienten

$$\frac{\partial E}{\partial \mu_i} = \frac{4 w_i}{n \sigma_i^2} \sum_{k=1}^{n} \left(\sum_{j=1}^{m} w_j\, e^{-\left(\frac{x_k - \mu_j}{\sigma_j}\right)^2} - y_k \right) (x_k - \mu_i)\, e^{-\left(\frac{x_k - \mu_i}{\sigma_i}\right)^2}, \tag{5.171}$$

$$\frac{\partial E}{\partial \sigma_i} = \frac{4 w_i}{n \sigma_i^3} \sum_{k=1}^{n} \left(\sum_{j=1}^{m} w_j\, e^{-\left(\frac{x_k - \mu_j}{\sigma_j}\right)^2} - y_k \right) (x_k - \mu_i)^2\, e^{-\left(\frac{x_k - \mu_i}{\sigma_i}\right)^2}, \tag{5.172}$$

mit denen analog zu Abbildung 4.7 ein Gradientenabstieg durchgeführt werden kann.

$$\Delta \mu_i = -\alpha(t) \cdot \frac{\partial E}{\partial \mu_i} \tag{5.173}$$

$$\Delta \sigma_i = -\alpha(t) \cdot \frac{\partial E}{\partial \sigma_i} \tag{5.174}$$

Die Gewichte w_i können anschließend aus der Pseudoinversen der Partitionsmatrix geschätzt werden. Mit den kontinuierlichen Zugehörigkeitsfunktionen $u_i(x)$ (5.166) lässt sich die Partitionsmatrix U für X mit den Elementen $u_{ik} = u_i(x_k)$, $i = 1, \ldots, c$, $k = 1, \ldots, n$, bestimmen. Gemäß (5.167) lassen sich aus der Partitionsmatrix U und dem gesuchten Gewichtsvektor $w = (w_1, \ldots, w_c)$ zu den

Netzeingängen X die entsprechenden Netzausgänge berechnen, die gleich Y sein sollen.

$$Y = w \cdot U \tag{5.175}$$

Daraus ergibt sich schließlich eine Schätzung für w mit der Pseudoinversen von U.

$$w = (U^T U)^{-1} U^T Y \tag{5.176}$$

5.11 Neuronales Gas

In Abschnitt 4.3 wurde bereits die selbstorganisierende Karte als eine Methode zur Visualisierung durch Dimensionsreduktion beschrieben. Die selbstorganisierende Karte gehört zu den Methoden des *Wettbewerbslernens*, denn für jeden Trainingsvektor treten mehrere Referenzvektoren in Wettbewerb. Bei der selbstorganisierenden Karte existiert zu jedem Referenzvektor auch ein vordefinierter Ortsvektor, der eine Position innerhalb der Karte spezifiziert. Die selbstorganisierende Karte besitzt daher eine feste Netzdimensionalität. Jede Form des Wettbewerbslernens mit fester Netzdimensionalität kann zur Dimensionsreduktion benutzt werden, wenn die Netzdimensionalität geringer gewählt wird als die Datendimensionalität. In diesem Fall können nämlich die Menge der Ortsvektoren der Netzknoten als nichtlineare Projektion des Trainingsdatensatzes interpretiert werden. Neben der selbstorganisierenden Karte sind zahlreiche andere Methoden des Wettbewerbslernens mit fester Netzdimensionalität bekannt, z.B. *wachsende Zellstrukturen* [35] und Erweiterungen davon.

Im Gegensatz zu diesen Algorithmen verwenden Methoden des Wettbewerbslernens *ohne Netztopologie* lediglich Referenzvektoren, die miteinander in Wettbewerb treten, aber keine Ortsvektoren, die eine Netzstruktur beschreiben. Zu den bekanntesten dieser Methoden gehört das *neuronale Gas* [86, 87] sowie die Erweiterungen zum *Hebb'schen Wettbewerbslernen* [85] und zum *wachsenden neuronalen Gas* [36]. Auch die Multiagentensysteme aus Abschnitt 5.7 können als Methoden des Wettbewerbslernens ohne Netzstruktur aufgefasst werden.

Den Algorithmus zum Training des neuronalen Gases zeigt Abbildung 5.25. Wie bei der selbstorganisierenden Karte (Abbildung 4.13) wird zunächst die Menge der Referenzvektoren $M = \{m_1, \ldots, m_l\} \subset \mathbb{R}^p$ zufällig initialisiert. Für jeden Vektor $x_k \in X$ wird dann wie bei der selbstorganisierenden Karte der nächste Nachbar $m_c \in M$ bestimmt. Beim neuronalen Gas werden alle Nachbarn jedoch noch zusätzlich nach Abständen sortiert, so dass der nächste Nachbar den Nachbarschaftsindex $k = 1$ erhält, der zweitnächste Nachbar den Nachbarschaftsindex $k = 2$ usw.

$$k_i = \|\{m \in M \mid \|x_k - m\| \le \|x_k - m_i\|\}\|, \quad i = 1, \ldots, l \tag{5.177}$$

Der Vektor $k = (k_1, \ldots, k_l)$ der Nachbarschaftsindizes wird anschließend zur Aktualisierung aller Referenzvektoren $m_i, i = 1, \ldots, l,$ verwendet.

$$m_i = m_i + \alpha_1(t) \cdot e^{\left(-\frac{k_i}{\alpha_2(t)}\right)} \tag{5.178}$$

1. Gegeben Datensatz $X = \{x_1, \ldots, x_n\} \subset \mathbb{R}^p$,
   Anzahl der Referenzvektoren $l \in \{1, 2, \ldots, n\}$,
   Anzahl der Iterationen $t_{\max} > 0$

2. Initialisiere $M = \{m_1, \ldots, m_l\} \subset \mathbb{R}^p$, $t = 1$

3. Für jeden Vektor x_k, $k = 1, \ldots, n$,

   (a) Bestimme Gewinnervektor m_c, so dass

   $$\|x_k - m_c\| \leq \|x_k - m_i\| \quad \forall i = 1, \ldots, l$$

   (b) Bestimme Nachbarschaftsindizes $k = (k_1, \ldots, k_l)$
       so, dass k_i Vektoren $m_j \in M$ existieren mit

   $$\|x_k - m_j\| \leq \|x_k - m_i\| \quad \forall i = 1, \ldots, l$$

   (c) Aktualisiere Referenzvektoren

   $$m_i = m_i + \alpha_1(t) \cdot e^{\left(-\frac{k_i}{\alpha_2(t)}\right)} \quad \forall i = 1, \ldots, l$$

4. $t = t + 1$

5. Wiederhole ab (3.), bis $t = t_{\max}$

6. Ausgabe: Referenzvektoren $M = \{m_1, \ldots, m_l\} \subset \mathbb{R}^p$

Abbildung 5.25: Training des neuronalen Gases

Dabei sind $\alpha_1, \alpha_2 : \{1, 2, \ldots\} \to \mathbb{R}^+$ zwei monoton fallende Funktionen, die der Lernrate α 4.49 bei der selbstorganisierenden Karte entsprechen. Mit den Konstanten $a_1^i, a_{\max}^i > 0$, $a_1 \geq a_{\max}$, und der maximalen Anzahl von Iterationen $t_{\max} > 0$ wird häufig die Funktion

$$\alpha_i(t) = a_1^i \left(\frac{a_{\max}^i}{a_1^i} \right)^{\left(\frac{t-1}{t_{\max}-1} \right)}, \quad i = 1, 2, \tag{5.179}$$

verwendet. Hierbei gilt

$$\alpha_i(1) = a_1^i, \tag{5.180}$$
$$\alpha_i(t_{\max}) = a_{\max}^i. \tag{5.181}$$

Für den Gewinnervektor gilt stets $k_c = 1$. Er wird daher um

$$\Delta w_c = \alpha_1(t) \cdot e^{\left(-\frac{1}{\alpha_2(t)} \right)} \tag{5.182}$$

verschoben. Zu den weiter entfernten Nachbarn hin werden die Verschiebungen immer kleiner. Diese Eigenschaft erinnert an die Gauss'sche Nachbarschaftsfunktion h_{ci} (4.48) bei der selbstorganisierenden Karte.

Nach Ablauf von $t_{\max}$ Iterationen wird beim neuronalen Gas die Menge M der Referenzvektoren ausgegeben. Jeder Referenzvektor $m_i \in M$ repräsentiert eine Teilmenge des Datensatzes X, die sich in der Nähe von m_i befindet. Diese Eigenschaft erinnert an Clusterzentren, die ebenfalls nahe gelegene Punkte aus X repräsentieren. In der Regel werden beim neuronalen Gas jedoch für jedes natürliche Cluster mehrere Referenzvektoren erzeugt. Beispiele zum Einsatz von selbstorganisierenden Karten, von neuronalem Gas und von wachsenden Zellstrukturen sind z.B. in [59] zu finden.

5.12   Relationale Datenanalyse

Die in diesem Kapitel bisher behandelten Datenanalysemethoden gingen von numerischen Datensätzen $X \subset \mathbb{R}^p$ aus. Im Gegensatz dazu wurden bereits in Abschnitt 2.3 *relationale* Daten erwähnt, Daten also, die nur durch eine Relationsmatrix $R \in \mathbb{R}^{n \times n}$ spezifiziert sind. Wir betrachten hier den Fall, dass die Relationsmatrix eine Abstandsmatrix D ist, so dass $d_{ii} = 0$ und $d_{ij} = d_{ji}$, $i, j = 1, \ldots, n$. Die durch diese Abstandsmatrix beschriebenen Daten können beliebige Personen, Objekte, Text usw. sein.

Die mehrdimensionale Skalierung nach Abschnitt 4.2 ist eine Methode, mit der ein numerischer Datensatz $X \subset \mathbb{R}^p$ bestimmt werden kann, der eine approximative Repräsentation von D ist, d.h. für die Abstände zwischen Elementen von X gilt

$$d_{kl} \approx \|x_k - x_l\|, \quad k, l = 1, \ldots, n. \tag{5.183}$$

Aber auch ohne diese approximative Transformation des relationalen Datensatzes D in einen numerischen Datensatz X kann eine Datenanalyse durchgeführt

1. Gegeben Datensatz $D \subset \mathbb{R}^{n \times n}$,
   Clusteranzahl $c \in \{2, \ldots, n-1\}$,
   Maximalzahl der Iterationen $t_{\max}$

2. Initialisiere Indexmenge $\hat{I}^{(0)} = \{\hat{i}_1, \ldots, \hat{i}_c\} \subset \{1, \ldots, n\}$

3. <u>for</u> $t = 1, \ldots, t_{\max}$

   - Bestimme $U^{(t)}(D, \hat{I}^{(t-1)}, X)$

   - Bestimme $\hat{I}^{(t)}(U^{(t)}, X)$
     durch Minimierung von e_{ik} (5.189),(5.190)
     für *einen* Prototypen $i \in \{1, \ldots, c\}$

4. Ausgabe: Partitionsmatrix $U \in \mathbb{R}^{c \times n}$,
   Indexmenge $\hat{I}^{(t_{\max})} = \{\hat{i}_1, \ldots, \hat{i}_c\} \subset \{1, \ldots, n\}$

Abbildung 5.26: Relationale alternierende Clusterschätzung (RACE)

werden. Clusterzentren lassen sich auch unmittelbar aus der Relationsmatrix D bestimmen. Hierzu dient eine Modifikation der alternierenden Clusterschätzung aus Abschnitt 5.6, die *relationale alternierende Clusterschätzung (Relational Alternating Cluster Estimation, RACE)* [122, 126]. Da relationale Daten R häufig ohne Referenz auf die damit beschriebenen Objektdaten $O = \{o_1, \ldots, o_n\}$ gegeben sind, wird bei RACE jedes Objekt o_k, $k = 1, \ldots, n$, durch seinen Index k beschrieben, der die zugehörige Zeile bzw. Spalte in der Relationsmatrix D referenziert. Als Clusterzentren kommen alle Objekte aus O in Frage. Die Clusterzentren können deswegen durch ihre Objektindizes beschrieben werden. Die Indexmenge der Clusterzentren

$$\hat{I} = \{\hat{i}_1, \ldots, \hat{i}_c\} \subset \{1, \ldots, n\} \tag{5.184}$$

spezifiziert also die Objekte der Clusterzentren

$$\hat{O} = \{\hat{o}_1, \ldots, \hat{o}_c\} = \{o_{\hat{i}_1}, \ldots, o_{\hat{i}_c}\} \subset O. \tag{5.185}$$

Nach Eingabe des relationalen Datensatzes D und der Anzahl c der Cluster initialisiert RACE (Abbildung 5.26) die Indexmenge der Clusterzentren $\hat{I} \subset \{1, \ldots, n\}$ zufällig ohne Wiederholung, d.h. $\hat{i}_i \neq \hat{i}_j$ für alle $i = 1, \ldots, c$, $i \neq j$. Dann werden die Zugehörigkeiten jedes Objekts o_k, $k = 1, \ldots, n$, zu jedem der c Cluster mit Hilfe eines Funktionsprototypen wie z.B. FCM (5.97)

$$u_{ik} = 1 \left/ \sum_{j=1}^{c} \left(\frac{\delta_{ik}}{\delta_{jk}} \right)^{\frac{2}{m-1}} \right. , \quad i = 1, \ldots, c, \tag{5.186}$$

possibilistisch (5.98)

$$u_{ik} = \frac{1}{1 + \left(\frac{\delta_{ik}}{\sqrt{\eta_i}}\right)^{\frac{2}{m-1}}}, \quad \eta_i > 0, \, i = 1, \ldots, c, \tag{5.187}$$

oder hyperkonisch (5.99)

$$u_{ik} = \begin{cases} 1 - \frac{\delta_{ik}}{r_i}, & \text{falls } \delta_{ik} \leq r_i \text{ (mit } r_i > 0, \, i = 1, \ldots, c), \\ 0, & \text{sonst,} \end{cases} \tag{5.188}$$

bestimmt. Dabei sind die Abstände zwischen Clusterzentren und Objekten als $\delta_{ik} = d_{\hat{i}_i k}$, $i = 1, \ldots, c$, $k = 1, \ldots, n$, bezeichnet. Zur Bestimmung der Clusterzentren wird gefordert, dass sich die Cluster gegenseitig „abstoßen", d.h. jedes Clusterzentrum versucht, die Summe seiner Zugehörigkeiten zu den anderen $c-1$ Clustern zu minimieren. Hierzu wird eine *Energiematrix* $E \in \mathrm{IR}^{c \times n}$ definiert.

$$e_{ik} = \sum_{j \neq i} u_{jk}, \quad i = 1, \ldots, c, \quad k = 1, \ldots, n. \tag{5.189}$$

Für FCM–Zugehörigkeitsfunktionen (5.186) gilt $e_{ik} = 1 - u_{ik}$, für scharfe Partitionen ist $e_{ik} \in \{0, 1\}$, für alle $i = 1, \ldots, c$, $k = 1, \ldots, n$. Das i–te Clusterzentrum wird mit dem Index

$$\hat{i}_i = \mathrm{argmin}\{e_{i1}, \ldots, e_{in}\}, \tag{5.190}$$

$i = 1, \ldots, c$, bestimmt. Es hat sich als günstig erwiesen, in jedem Schritt nicht alle c Clusterzentren, sondern nur ein einziges davon (zufällig ausgewählt) neu zu berechnen. Analog zur alternierenden Optimierung und Clusterschätzung nach Abbildung 5.14 wird die Partitionsmatrix U und ein Element der Indexmenge $\hat{I}$ alternierend neu berechnet. Als Terminierungsbedingung für RACE eignet sich eine maximale Anzahl t_{max} von Schritten.

Jedes mit RACE bestimmte Cluster wird durch einen einzigen Objektindex $\hat{i}_i$ und die Zugehörigkeiten der i-ten Zeile der Partitionsmatrix U festgelegt, $i = 1, \ldots, c$. Bei Verwendung der Funktionen (5.186)–(5.188) entstehen unscharfe Partitionsmatrizen U. In vielen Anwendungen interessiert jedoch eine *scharfe* Partition U^*, z.B. um jedes Cluster durch Aufzählung seiner Elemente darzustellen. Aus einer beliebigen Partition U kann eine scharfe Partition U^* durch eine sogenannte *Teilmengendefuzzifizierung* [128, 154] gewonnen werden. Eine sehr einfache Methode weist jedes Objekt demjenigen Cluster zu, zu dem es die maximale Zugehörigkeit besitzt (*Maximum–Teilmengendefuzzifizierung*).

$$u_{ik}^* = \begin{cases} 1 & \text{falls } u_{ik} = \max\{u_{1k}, \ldots, u_{ck}\} \\ 0 & \text{sonst.} \end{cases} \tag{5.191}$$

Die mit dieser Methode gewonnenen scharfen Cluster besitzen im Allgemeinen unterschiedlich viele Elemente. Scharfe Cluster mit etwa gleich vielen Elementen können mit der *Verteilungs–Teilmengendefuzzifizierung* (*Equal Size Subset Defuzzification*) nach Abbildung 5.27 gewonnen werden [122]. Hierzu wird die

1. Gegeben unscharfe Partition $U \in \mathbb{R}^{c \times n}$

2. Initialisiere Indexmenge $I = \{1, \ldots, n\}$

3. Initialisiere Clusterindexmengen $C_i = \{\}$, $i = 1, \ldots, c$

4. $i = 0$

5. <u>while</u> $I \neq \{\}$

   - $i = (i \bmod c) + 1$
   - $\kappa = \mathrm{argmax}\{u_{ik} \mid k \in I\}$
   - $C_i = C_i \cup \{i_\kappa\}$
   - $I = I \backslash \{i_\kappa\}$

6. Ausgabe: Clusterindexmengen $C_1 \ldots, C_c \subset \{1, \ldots, n\}$

Abbildung 5.27: Bestimmung scharfer Partitionen mit etwa gleicher Elementzahl (Verteilungs–Teilmengendefuzzifizierung)

Indexmenge aller noch zu verteilenden Objekte mit $I = \{1, \ldots, n\}$ und alle scharfen Cluster C_i, $i = 1, \ldots, c$, als leer initialisiert. Dann wird reihum jedem Cluster dasjenige Element aus I zugewiesen, das zu ihm die höchste Zugehörigkeit besitzt. Anschließend wird das so vergebene Element aus I gelöscht. Dieser Prozess wird wiederholt, bis alle Elemente aus I verteilt sind. Da nach jeweils c Iterationen jedem Cluster jeweils genau ein Element zugewiesen wird, enthält jedes Cluster am Ende genau $\lfloor n/c \rfloor$ oder $\lceil n/c \rceil$ Elemente.

Als Beispiel wird der Text von Kapitel 2 dieses Buches verwendet. Aus diesem Text werden alle Formeln und Sonderzeichen entfernt und alle Großbuchstaben durch Kleinbuchstaben ersetzt. Dadurch entsteht ein nichtnumerischer Datensatz mit 1609 Wörtern, in dem aber nur $n = 564$ unterschiedliche Wörter vorkommen. Für diese 564 unterschiedlichen Wörter wird eine 564×564–Levenshtein–Abstandsmatrix gemäß Abbildung 2.2 bestimmt. Für diese Abstandsmatrix (relationale Daten) werden mit RACE (Abbildung 5.26) $c = 20$ Cluster in $t_{\max} = c \cdot n = 11280$ Iterationen bestimmt. Abbildung 5.28 zeigt die den 20 Clusterzentren entsprechenden Wörter sowie (zum Vergleich) die 20 am häufigsten vorkommenden Wörter. Die Clusterzentren auf der linken Seite stellen sehr typische Wörter für den Inhalt von Kapitel 2 dar. Die benutzte Methode ist also eine einfache Möglichkeit zur *automatischen Stichwortextraktion* [126]. Im Gegensatz dazu können die am häufigsten vorkommenden Wörter, die auf der rechten Seite gezeigt sind, kaum als sinnvolle Stichworte zur Charakterisierung von Kapitel 2 verwendet werden. Mit der Verteilungs–Teilmengendefuzzifizierung nach Abbildung 5.27 lassen sich jedem der 20 Clus-

Clusterzentren	häufigste Wörter
originalsignal	1. die
mengenschreibweise	2. der
bzw	3. und
inkompatibilität	4. für
quantisierungsschritte	5. in
wertkontinuierlich	6. als
intervallskalierten	7. werden
unterschiedlichen	8. ist
übereinstimmungen	9. sich
matrixdarstellung	10. mit
mindestabtastrate	11. oder
abtastzeitpunkten	12. den
datencharakteristika	13. sind
ordnungsrelation	14. ein
objektdatensatz	15. auch
quantisierungsfehler	16. daten
polygonzug	17. lässt
kovarianzmatrix	18. können
speicherplatzes	19. abstand
kaufmännisches	20. wird

Abbildung 5.28: RACE–Clusterzentren und häufigste Wörter für Kapitel 2

Cluster 1	Cluster 2	Cluster 6	Cluster 7
originalsignal	mengenschreibweise	wertkontinuierlich	intervallskalierten
zeitsignal	matrixschreibweise	zeitkontinuierlich	intervallskalierte
ordinal	beschreiben	kontinuierliche	skalierte
signal	schrittweise	wertebereich	interpunktionen
signals	schreiben	rekonstruieren	interpretiert
digitalen	beschreibt	nichtnumerisch	intervall
zeitsignalen	geschrieben	willkürlich	iterativen
proportional	beschrieben	konstruierten	maßskalen

Abbildung 5.29: Wörter mit den höchsten Zugehörigkeiten für Kapitel 2

ter $\lfloor 564/20 \rfloor = 28$ oder $\lceil 564/20 \rceil = 29$ Wörter zuweisen. Abbildung 5.29 zeigt die jeweils 8 Wörter mit den höchsten Zugehörigkeiten in den Clustern 1, 2, 6 und 7. Die einzelnen Wörter klingen nicht nur ähnlich, sondern haben oft auch sehr verwandte Bedeutungen, wie z.B. „Originalsignal", „Zeitsignal" und „Signal" in Cluster 1 oder „Mengenschreibweise", „beschreiben" und „geschrieben" in Cluster 2. Dies zeigt, dass RACE mit Levenshtein–Abständen auch semantische Aspekte berücksichtigt und deshalb in der Lage ist, auf relativ einfache Weise semantisch sinnvolle Stichworte zu bestimmen.

In diesem Abschnit wurden Methoden vorgestellt, mit denen sich *relationale Daten* analysieren lassen, also Daten, die in Form einer Relationsmatrix dargestellt sind. *Relationale Datenbanken* dagegen sind Systeme von Dateien, deren Einträge durch Relationen miteinander verknüpft sind. Die Datenanalyse in solchen relationalen Datenbanksystemen ist am Beispiel einer Marketing–Anwendung in Abschnitt 6.4 dargestellt.

Kapitel 6

Anwendungsbeispiele

Einige typische Beispiele für Anwendungen der Datenanalyse wie die industrielle Prozessanalyse, die Auswertung von Umsatzdatenbanken, Molekularbiologie, Bild– und Textverarbeitung wurden bereits im ersten Kapitel genannt. In diesem Kapitel werden vier ausgewählte reale Anwendungsbeispiele aus Prozesstechnik, Management vernetzter Systeme, Bildverarbeitung und Marketing detailliert dargestellt und gezeigt, wie sich die in den vorangegangenen Kapiteln beschriebenen Methoden zur Datenanalyse einsetzen lassen.

6.1 Prozesstechnik

In der industriellen Prozesstechnik werden zunehmend computergestützte Automatisierungssysteme eingesetzt, die Messwerte erfassen und auswerten, Stellgrößen berechnen und ausgeben, sowie den gesamten Prozess überwachen und visualisieren. Industrielle Prozesse setzen sich meist aus zahlreichen Teilprozessen zusammen und sind häufig nicht ohne weiteres mathematisch modellierbar. Solche Prozesse werden daher von Anlagenfahrern oft nach Erfahrung und „Gefühl" gesteuert.

Die Prozessdatenanalyse versucht, Wissen über den Prozess aus den Daten (Messwerten und Stellgrößen) zu gewinnen, die zunehmend in den Automatisierungssystemen verfügbar sind. Aus den auf diese Weise gewonnenen datengetriebenen Modellen können Schlussfolgerungen für den Anlagenbetrieb abgeleitet werden. Dies kann z.B. mit einem *Advice–System* erfolgen, das dem Anlagenfahrer Vorschläge zur Prozesssteuerung macht. Einen stärkereren Eingriff in die Prozesssteuerung stellt die *Prozessoptimierung* dar, die (ohne explizite Prüfung durch den Anlagenfahrer) aufgrund der aus den Daten gewonnenen Modelle automatisch einen optimalen Betriebszustand herstellt.

Als Beispiel für die Datenanalyse in der Prozesstechnik wird hier die Zellstoff– und Papierindustrie betrachtet [34]. Basisprodukt für die Papier–, Karton und Pappenherstellung ist Zellulose, die hauptsächlich aus Holz, aber auch z.B. aus Stroh oder Baumwolle gewonnen wird. Die Zellulose wird durch Kochung che-

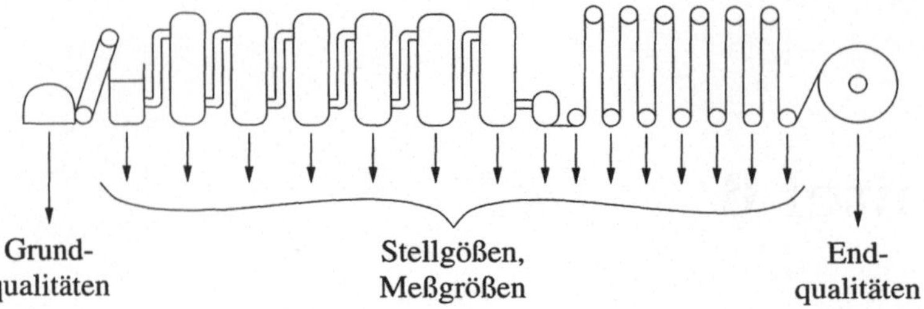

Abbildung 6.1: Papierherstellung (Schema) und Aufnahme der Messwerte

misch aufgeschlossen und der so entstandene Zellstoff gebleicht. In einem *Refiner* werden die Fasern gemahlen und in einem *Pulper* unter Wasserzusatz in eine wässrigen Stoffsuspension überführt. Bei der Aufbereitung von Altpapier entfällt die Kochung. Stattdessen wird das Altpapier aufgelöst und vorsortiert, Druckfarben werden in einer Flotationszelle entfernt, und der verbleibende Stoff wird zerfasert und nachsortiert. In einer Papiermaschine wird die Suspension zur Reduktion des Wassergehalts auf ein etwa $2\,m$ breites bandförmiges Sieb verteilt, das mit bis zu $2000\,m/min$ umläuft. Eine weitere Reduktion des Wassergehalts erfolgt durch anschließendes Pressen und Trocknen. Die getrocknete Papierbahn wird schließlich zu sogenannten *Tambouren* aufgerollt und später auf das gewünschte Format zugeschnitten.

Die Papierherstellung zeichnet sich durch eine Vielzahl von Prozessschritten aus, deren chemische und physikalische Vorgänge teilweise nur schwer mathematisch zu beschreiben sind. Unterschiedliche Rohstoffe führen zu Schwankungen der Stoffeigenschaften, und zur Bestimmung der Papierqualität existieren eine Vielzahl sehr verschiedener Messverfahren, die auf dem Gewicht und verschiedenen optischen und mechanischen Eigenschaften basieren.

Ein wichtiger Qualitätsparameter für Papier ist das Verhältnis zwischen Papiergewicht und Festigkeit, das mit dem sogenannten *Concora Medium Test (CMT)* ermittelt wird und daher auch *CMT–Wert* heißt [139]. Für eine Papierfabrik in den Niederlanden wurde versucht, den Einfluss der Produktionsparameter auf den CMT–Wert zu untersuchen und so durch geschickte Prozesssteuerung möglichst nahe an den gewünschten CMT–Wert heranzukommen. Für die Datenanalyse werden verschiedene Datensätze mit Grundstoffqualitäten, Stellgrößen, Messgrößen und Qualitäten des Endprodukts betrachtet und daraus gemeinsam mit Prozessexperten 26 mögliche Einflussfaktoren wie Druck, Temperatur, Mengen und Gewichte ausgewählt. Abbildung 6.1 zeigt schematisch den mehrstufigen Papierherstellungsprozess und die Bereitstellung der Daten aus unterschiedlichen Prozessschritten. Zum Zusammenfassen der einzelnen Datensätze zu einem Gesamtdatensatz werden die Zeitmarkierungen t der Datenerfassung benutzt (vgl. Abbildung 3.10). Da die Daten allerdings an unterschiedlichen Stellen des Prozesses ermittelt werden, müssen die (durchschnittlichen) Laufzeiten zwischen den einzelnen Prozessschritten beachtet werden, d.h. die

Zeitmarkierungen werden auf die (Referenz–)Zeit τ umgerechnet, zu der der gemessene Stoff einen Referenzort passiert. Wird die Laufzeit von Prozessschritt i zum Referenzort als Δt_i bezeichnet, so lässt sich die Referenzzeit τ für diesen Prozessschritt aus der Zeitmarkierung t berechnen gemäß

$$\tau = t + \Delta t_i. \tag{6.1}$$

Die Laufzeiten Δt_i können auch negativ sein, wenn der Prozessschritt i erst nach dem Referenzort passiert wird. Daten mit gleicher Referenzzeit werden anschließend zu einem Datenvektor, einem sogenannten *Fall (Case)* [84] zusammengefasst.

Im Beispiel der niederländischen Papierfabrik enthalten die Datensätze zahlreiche ungültige und physikalisch unplausible Einträge (vgl. Abschnitt 3.3). Ungültige Einträge sind teilweise mit den Werten 0, -1 oder -9999 dargestellt und müssen zunächst durch manuelle Bearbeitung entfernt (bzw. durch *NaN* ersetzt) werden. Nach dieser manuellen Säuberung werden Ausreißer nach der 4–Sigma–Regel (3.1) markiert und alle Vektoren entfernt, die eine ungültige Komponente besitzen. Der verbleibende Datensatz mit $n = 2594$ Vektoren der Dimension $p = 27$ wird anschließend auf Mittelwert und Standardabweichung normalisiert (3.22).

Wegen der nichtlinearen Abhängigkeiten zwischen den Merkmalen ergibt eine Korrelationsanalyse nach Abschnitt 5.1 in dieser Anwendung nur unbefriedigende Ergebnisse. Stattdessen werden die nichtlinearen Abhängigkeiten zwischen den Merkmalen durch lokal lineare Modellierung und anschließende Validierung nach Abschnitt 5.3 untersucht. Zur Bestimmung der lokal linearen Modelle wird das Fuzzy c–Elliptotypes Modell (5.104) benutzt und eine alternierende Optimierung nach Abbildung 5.14 durchgeführt. Diese Modellierung wird für unterschiedlichen Clusteranzahlen $c = 2,\ldots,5$ und für alle möglichen Kombinationen aus einem oder zwei der 26 Einflussfaktoren sowie den CMT–Wert durchgeführt. Die zum Clustering benutzten Datensätze lauten also $\{(x^{(i)}, x^{(27)})\}$, $i = 1,\ldots,26$, und $\{(x^{(i)}, x^{(j)}, x^{(27)})\}$, $i,j = 1,\ldots,26$, $i \neq j$. Zur Validierung der Modelle wird der Partitionskoeffizient (5.108) verwendet. Das beste Modell, also das mit dem höchsten Partitionskoeffizienten, benutzt 2 lokal lineare Modelle und den Datensatz $\{(x^{(13)}, x^{(27)})\}$. Merkmal Nummer 13 hat demnach den größten Einfluss auf den CMT–Wert. Abbildung 6.2 (links) zeigt das Streudiagramm für Merkmal 13 (Abszisse) und den CMT–Wert (Ordinate). Es besteht offensichtlich tatsächlich ein ausgeprägter nichtlinearer Zusammenhang zwischen Merkmal Nummer 13 und dem CMT–Wert, der zunächst näherungsweise linear ansteigt und dann in eine Sättigung übergeht. Das rechte Diagramm in Abbildung 6.2 zeigt die gefundenen Elliptotype–Cluster. Die Kreise repräsentieren die Clusterzentren und die Pfeile die Richtungsvektoren. Der linke Modell repräsentiert den näherungsweise linearen Anstieg und das rechte den Sättigungsbereich.

Die beiden lokalen Modelle lassen sich als Takagi–Sugeno–System (5.162) zu einem globalen Modell zusammenfassen. Werden hierzu FCM–Zugehörigkeitsfunktionen (5.97) wie in Abbildung 6.3 links benutzt, so ergibt sich das

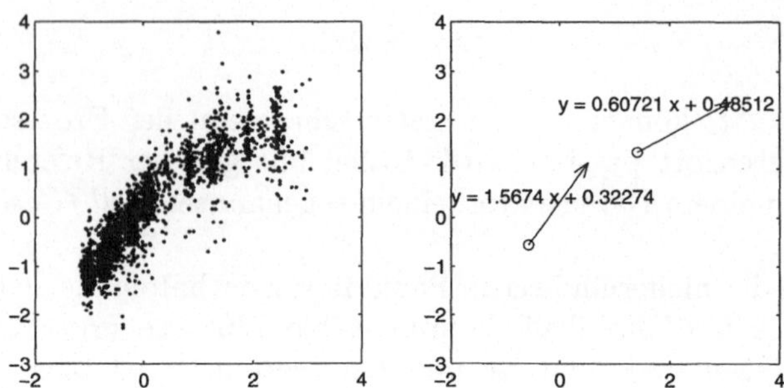

Abbildung 6.2: Streudiagramm für CMT über Merkmal 13 und gefundene Elliptotype–Cluster

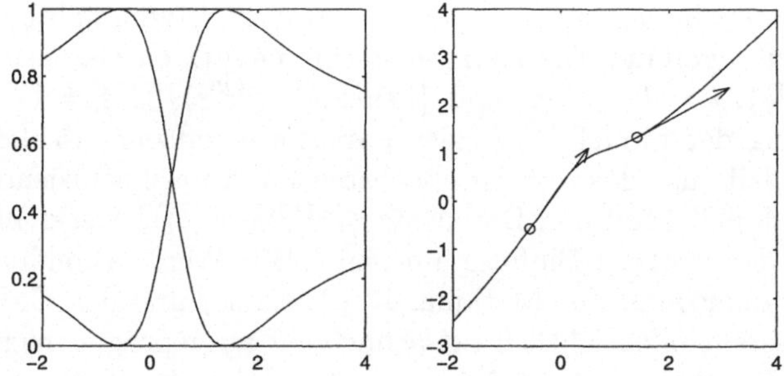

Abbildung 6.3: FCM–Zugehörigkeitsfunktionen und entsprechendes Gesamtmo-dell

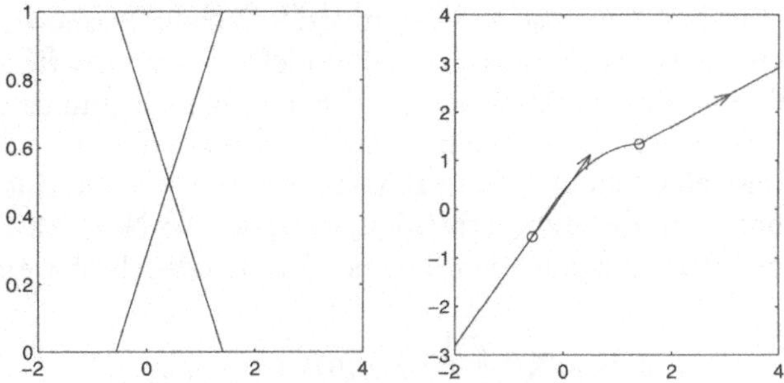

Abbildung 6.4: Trapezzugehörigkeitsfunktionen und entsprechendes Gesamtmodell

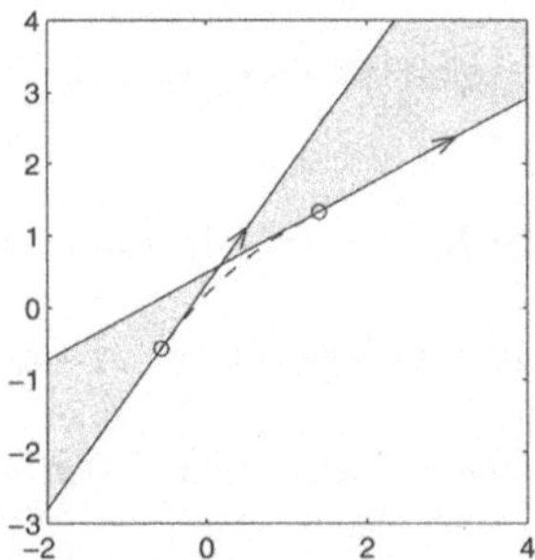

Abbildung 6.5: Wertebereich von (normalisierten) Takagi–Sugeno–Modellen

in Abbildung 6.3 rechts gezeigte Gesamtmodell. Im Extrapolationsbereich, also für Abszissenwerte links vom linken oder rechts vom rechten Modellzentrum weicht dieses Gesamtmodell von den gemessenen Daten (Abbildung 6.2 links) deutlich ab, insbesondere durch den für große Werte stärker werdenden Anstieg. Abbildung 6.4 zeigt das Ergebnis für trapezförmige Zugehörigkeitsfunktionen [64]. Hier wird in der Extrapolation das durch die lokalen Modelle spezifizierte Verhalten weitergeführt, was zu einem geringen Modellfehler führt.

Im Interpolationsbereich besitzt das FCM–Gesamtmodell (Abbildung 6.3 rechts) einen Wendepunkt und das Trapezmodell (Abbildung 6.4 rechts) gar einen Knick im rechten Modellzentrum, d.h. die Modellfunktion ist nicht differenzierbar. In den Originaldaten in Abbildung 6.2 links sind jedoch keine Wendepunkte oder Knicke erkennbar. Im Gesamtmodell sollten also diese Artefakte verhindert werden. Stattdessen sollte ein weicher Übergang zwischen den beiden lokalen Modellen erfolgen, wie er durch den gestrichelten Verlauf in Abbildung 6.5 dargestellt ist. Ein weicherer Verlauf zwischen den Modellen lässt sich durch ein geändertes Inferenzschema [4] erzielen. Ein einfacherer Ansatz benutzt eine andere Form von Zugehörigkeitsfunktionen [121, 125]. Hierbei muss allerdings beachtet werden, dass die Auswertung des Takagi–Sugeno–Systems nach (5.163) eine konvexe Kombination der Teilmodelle bestimmt. Konvexe Kombinationen der Teilmodelle in Abbildung 6.5 liegen jedoch immer zwischen den beiden lokalen Modellen, also in dem grau markierten Bereich. Jedes Modell, dessen Graph ausschließlich in diesem Bereich verläuft, besitzt einen Knick oder einen Wendepunkt. Um diese zu vermeiden, kann auf die Normalisierung bei der Auswertung des Takagi–Sugeno–Systems in (5.163) verzichtet werden.

$$y^{(m)} = \sum_{i=1}^{c} \left(\bigwedge_{l=1}^{p} u_{il}(x^{(l)}) \right) \cdot f_{im}(x) \tag{6.2}$$

Wir betrachten zunächst den Fall $c = 2$, $p = q = 1$, also

$$y = u_1(x) \cdot f_1(x) + u_2(x) \cdot f_2(x). \tag{6.3}$$

Zur Bestimmung der Zugehörigkeitsfunktionen $u_1(x)$ und $u_2(x)$ kann gefordert werden, dass

1. der Ausgang y durch ein Polynom minimaler Ordnung beschrieben wird,

2. der Ausgang y durch die Modellzentren v_1 und v_2 verläuft,

3. der Ausgang y in den Modellzentren v_1 und v_2 tangential zu $f_1(x)$ bzw. $f_2(x)$ ist und

4. die Zugehörigkeiten in den entsprechenden Modellzentren gleich eins sind.

Die Ordnung des Polynoms muss mindestens 3 sein, damit auch zwischen parallelen linearen lokalen Modellen interpoliert werden kann (Bedingung 1). Es gilt also für alle $x \in [v_1^{(1)}, v_2^{(1)}]$

$$y(x) = c_3 x^3 + c_2 x^2 + c_1 x + c_0 \tag{6.4}$$

$$= u_1(x) \cdot \left(\frac{d_1^{(2)}}{d_1^{(1)}} (x - v_1^{(1)}) + v_1^{(2)} \right) + u_2(x) \cdot \left(\frac{d_2^{(2)}}{d_2^{(1)}} (x - v_2^{(1)}) + v_2^{(2)} \right). \tag{6.5}$$

Die Zugehörigkeitsfunktionen müssen also quadratisch sein.

$$u_1(x) = \alpha_1 x^2 + \beta_1 x + \gamma_1, \quad u_2(x) = \alpha_2 x^2 + \beta_2 x + \gamma_2. \tag{6.6}$$

Die Bedingungen 2 und 3 sind genau dann erfüllt, wenn

$$\begin{pmatrix} (v_1^{(1)})^3 & (v_1^{(1)})^2 & v_1^{(1)} & 1 \\ (v_2^{(1)})^3 & (v_2^{(1)})^2 & v_2^{(1)} & 1 \\ 3(v_1^{(1)})^2 & 2v_1^{(1)} & 1 & 0 \\ 3(v_2^{(1)})^2 & 2v_2^{(1)} & 1 & 0 \end{pmatrix} \cdot \begin{pmatrix} c_3 \\ c_2 \\ c_1 \\ c_0 \end{pmatrix} = \begin{pmatrix} v_1^{(2)} \\ v_2^{(2)} \\ d_1^{(2)}/d_1^{(1)} \\ d_2^{(2)}/d_2^{(1)} \end{pmatrix}. \tag{6.7}$$

Koeffizientenvergleich von (6.4) mit (6.5) unter Verwendung der Zugehörigkeits-funktionen aus (6.6) sowie Bedingung 4 führt zu

$$
\begin{pmatrix}
\frac{d_1^{(2)}}{d_1^{(1)}} & \frac{d_2^{(2)}}{d_2^{(1)}} & 0 & 0 & 0 & 0 \\[2mm]
v_1^{(2)} - \frac{d_1^{(2)}}{d_1^{(1)}}v_1^{(1)} & v_2^{(2)} - \frac{d_2^{(2)}}{d_2^{(1)}}v_2^{(1)} & \frac{d_1^{(2)}}{d_1^{(1)}} & \frac{d_2^{(2)}}{d_2^{(1)}} & 0 & 0 \\[2mm]
0 & 0 & v_1^{(2)} - \frac{d_1^{(2)}}{d_1^{(1)}}v_1^{(1)} & v_2^{(2)} - \frac{d_2^{(2)}}{d_2^{(1)}}v_2^{(1)} & \frac{d_1^{(2)}}{d_1^{(1)}} & \frac{d_2^{(2)}}{d_2^{(1)}} \\[2mm]
0 & 0 & 0 & 0 & v_1^{(2)} - \frac{d_1^{(2)}}{d_1^{(1)}}v_1^{(1)} & v_2^{(2)} - \frac{d_2^{(2)}}{d_2^{(1)}}v_2^{(1)} \\[2mm]
(v_1^{(1)})^2 & 0 & v_1^{(1)} & 0 & 1 & 0 \\[2mm]
0 & (v_2^{(1)})^2 & 0 & v_2^{(1)} & 0 & 1
\end{pmatrix}
$$

$$
\cdot
\begin{pmatrix}
\alpha_1 \\ \alpha_2 \\ \beta_1 \\ \beta_2 \\ \gamma_1 \\ \gamma_2
\end{pmatrix}
=
\begin{pmatrix}
c_3 \\ c_2 \\ c_1 \\ c_0 \\ 1 \\ 1
\end{pmatrix} . \tag{6.8}
$$

Das lineare System aus (6.7) und (6.8) hat die eindeutige Lösung

$$
\alpha_1 = \left[-(v_1^{(1)} - v_2^{(1)})\left(\frac{d_2^{(2)}}{d_2^{(1)}}(v_1^{(2)} - \frac{d_1^{(2)}}{d_1^{(1)}}v_1^{(1)}) - \frac{d_1^{(2)}}{d_1^{(1)}}(v_2^{(2)} - \frac{d_2^{(2)}}{d_2^{(1)}}v_2^{(1)}) \right) \right.
$$

$$
\left. -2v_2^{(2)}\left((v_1^{(2)} - \frac{d_2^{(2)}}{d_2^{(1)}}v_1^{(1)}) - (v_2^{(2)} - \frac{d_2^{(2)}}{d_2^{(1)}}v_2^{(1)}) \right) \right]
$$

$$
/ \left[(v_1^{(1)} - v_2^{(1)})^3 \left(\frac{d_1^{(2)}}{d_1^{(1)}}(v_2^{(2)} - \frac{d_2^{(2)}}{d_2^{(1)}}v_2^{(1)}) - \frac{d_2^{(2)}}{d_2^{(1)}}(v_1^{(2)} - \frac{d_1^{(2)}}{d_1^{(1)}}v_1^{(1)}) \right) \right], \tag{6.9}
$$

$$
\beta_1 = \left[2(v_1^{(1)} - v_2^{(1)})v_2^{(1)}\left(\frac{d_2^{(2)}}{d_2^{(1)}}(v_1^{(2)} - \frac{d_1^{(2)}}{d_1^{(1)}}v_1^{(1)}) - \frac{d_1^{(2)}}{d_1^{(1)}}(v_2^{(2)} - \frac{d_2^{(2)}}{d_2^{(1)}}v_2^{(1)}) \right) \right.
$$

$$
\left. + 2v_2^{(2)}(v_1^{(1)} + v_2^{(1)})\left((v_1^{(2)} - \frac{d_2^{(2)}}{d_2^{(1)}}v_1^{(1)}) - (v_2^{(2)} - \frac{d_2^{(2)}}{d_2^{(1)}}v_2^{(1)}) \right) \right]
$$

$$
/ \left[(v_1^{(1)} - v_2^{(1)})^3 \left(\frac{d_1^{(2)}}{d_1^{(1)}}(v_2^{(2)} - \frac{d_2^{(2)}}{d_2^{(1)}}v_2^{(1)}) - \frac{d_2^{(2)}}{d_2^{(1)}}(v_1^{(2)} - \frac{d_1^{(2)}}{d_1^{(1)}}v_1^{(1)}) \right) \right] \tag{6.10}
$$

$$
\gamma_1 = \left[-(v_1^{(1)} - v_2^{(1)})(v_2^{(1)})^2 \left(\frac{d_2^{(2)}}{d_2^{(1)}}(v_1^{(2)} - \frac{d_1^{(2)}}{d_1^{(1)}}v_1^{(1)}) - \frac{d_1^{(2)}}{d_1^{(1)}}(v_2^{(2)} - \frac{d_2^{(2)}}{d_2^{(1)}}v_2^{(1)}) \right) \right.
$$

$$
\left. -2v_2^{(2)}v_1^{(1)}v_2^{(1)}\left((v_1^{(2)} - \frac{d_2^{(2)}}{d_2^{(1)}}v_1^{(1)}) - (v_2^{(2)} - \frac{d_2^{(2)}}{d_2^{(1)}}v_2^{(1)}) \right) \right]
$$

$$
/ \left[(v_1^{(1)} - v_2^{(1)})^3 \left(\frac{d_1^{(2)}}{d_1^{(1)}}(v_2^{(2)} - \frac{d_2^{(2)}}{d_2^{(1)}}v_2^{(1)}) - \frac{d_2^{(2)}}{d_2^{(1)}}(v_1^{(2)} - \frac{d_1^{(2)}}{d_1^{(1)}}v_1^{(1)}) \right) \right] \tag{6.11}
$$

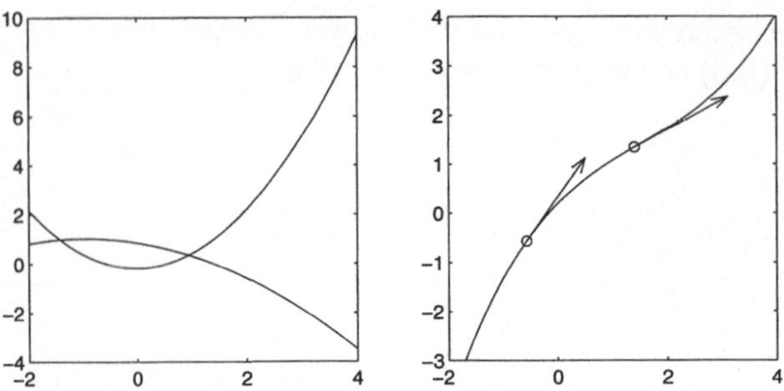

Abbildung 6.6: Polynomielle Zugehörigkeitsfunktionen und entsprechendes Gesamtmodell

Die Parameter der zweiten Zugehörigkeitsfunktion (α_2, β_2 und γ_2) können aus
Symmetriegründen entsprechend durch Vertauschen der Indizes 1 und 2 be-
stimmt werden. Für den Datensatz und die Modelle aus Abbildung 6.2 lauten
die Polynomkoeffizienten der Zugehörigkeitsfunktionen

$$\alpha = \begin{pmatrix} -0.18417 \\ 0.58949 \end{pmatrix}, \tag{6.12}$$

$$\beta = \begin{pmatrix} -0.35243 \\ 0.012742 \end{pmatrix}, \tag{6.13}$$

$$\gamma = \begin{pmatrix} 0.8593 \\ -0.18266 \end{pmatrix}. \tag{6.14}$$

Die entsprechenden quadratischen Zugehörigkeitsfunktionen und das resultie-
rende kubische Gesamtmodell $y(x)$ sind in Abbildung 6.6 dargestellt. Für den
Wertebereich der beiden quadratischen Zugehörigkeitsfunktionen gilt $u_1, u_2(x) \in$
IR, d.h. das Einheitsintervall wird verlassen. Zwischen den beiden Modellzentren
geht das Gesamtmodell $y(x)$ wie gefordert sehr weich vom einen zu dem anderen linearen Modell über. Der Modellfehler ist sehr gering. Das polynomielle
Verhalten setzt sich hier in der Extrapolation fort. Die Zugehörigkeitsfunktionen können jedoch wie bei den Trapezen in Abbildung 6.4 (links) stückweise so
definiert werden, dass

$$u_1(x) = \begin{cases} 1 & \text{für } x \leq v_1^{(1)} \\ 0 & \text{für } x \geq v_2^{(1)} \end{cases} \quad \text{und} \quad u_2(x) = \begin{cases} 0 & \text{für } x \leq v_1^{(1)} \\ 1 & \text{für } x \geq v_2^{(1)} \end{cases} \tag{6.15}$$

In diesem Fall werden die lokalen Modelle in der Extrapolation weitergeführt
wie in Abbildung 6.4 (rechts). Für mehr als 2 lokale Modelle lässt sich dieser
Ansatz leicht erweitern, indem die Zugehörigkeitsfunktionen stückweise definiert
und jeweils zwei benachbarte Modelle betrachtet werden. Die Polynomkoeffizienten für die einzelnen Intervalle lassen sich dann gemäß (6.9)–(6.11) aus den
Parametern der benachbarten Modelle bestimmen.

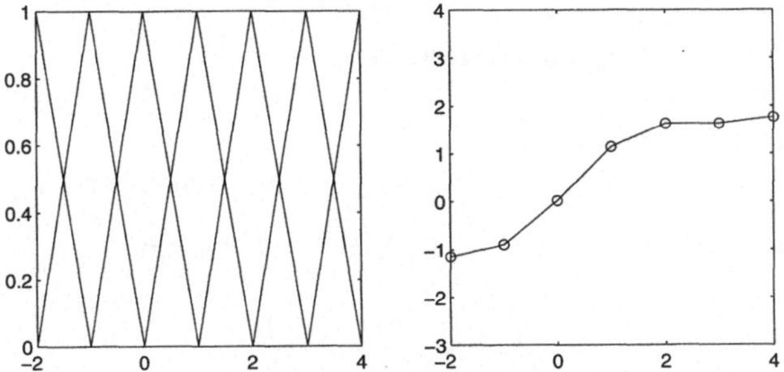

Abbildung 6.7: Reguläre dreieckige Zugehörigkeitsfunktionen und entsprechendes Gesamtmodell (Sugeno–Yasukawa)

Der gleiche Ansatz wurde verwendet, um in der Kübler & Niethammer Papierfabrik Kriebstein AG ein Modell für die Druckfarbenentfernung in Flotationszellen zu erstellen [43, 54, 127, 129], sowie den Warmwalzprozess in einem finnischen Stahlwerk zu modellieren [137]. Eine Erweiterung zur *Sensorfusion* ist in [132] beschrieben.

Für die beschriebenen Anwendungen besteht die reine Wissensextraktion darin, die wichtigsten Einflussgrößen für die Produktqualität zu bestimmen (z.B. Merkmal 13 für den CMT–Wert) und die Art des Zusammenhangs zu charakterisieren (linearer Anstieg, dann Sättigung). Dieses Wissen wurde darüber hinaus genutzt, um den erkannten Zusammenhang in funktioneller Form darzustellen (konvexe Kombination lokaler Funktionen durch ein Takagi–Sugeno–System). Die Positionen der lokalen Funktionen wurden dabei aus den Daten gewonnen (Clusterzentren). In vielen Anwendungen zur Funktionsapproximation möchte der Benutzer dagegen die Positionen der lokalen Funktionen selbst spezifizieren. In Anwendungen der *unscharfen Regelung (Fuzzy Control)* [30, 51, 71, 95, 100] werden z.B. häufig reguläre Partitionen des Eingangsraums durch drei, fünf oder sieben äquidistante dreieckige Zugehörigkeitsfunktionen verwendet.

$$u_i(x) = \begin{cases} 1 - \frac{v_i - x}{\Delta v} & \text{falls } v_i - \Delta v \leq x < v_i \\ 1 - \frac{x - v_i}{\Delta v} & \text{falls } v_i \leq x < v_i + \Delta v \ , \quad i = 1, \ldots, c \\ 0 & \text{sonst} \end{cases} \qquad (6.16)$$

Abbildung 6.7 (links) zeigt eine solche reguläre Partition für $c = 7$ und $v = \{-2, -1, \ldots, 4\}$, also $\Delta v \doteq 1$. Eine Datenanalyse und Modellierung ist auch für solche regulären Partitionen möglich. Dazu werden im einfachsten Fall die Komponenten der Clusterzentren im Eingangsraum $v_i^{(1,\ldots,p)}$, $i = 1, \ldots, c$, vom Benutzer a priori festgelegt, und im Laufe der alternierenden Clusterschätzung werden in jedem Iterationsschritt lediglich die Ausgangskomponenten $v_i^{(p+1,\ldots,p+q)}$, $i = 1, \ldots, c$, und die Zugehörigkeiten u_{ik}, $i = 1, \ldots, c$, $k = 1, \ldots, n$, neu bestimmt [130]. Ein wesentlich effizienterer Algorithmus benutzt die Zugehörigkeiten u_{ik}, $i = 1, \ldots, c$, $k = 1, \ldots, n$, wie sie vom Benutzer für den Eingangsraum vorgegeben werden. Nach der einmaligen Bestimmung der Clusterzen-

---

1. Gegeben Ausgangs–Datensatz
$X^{(p+1,\ldots,p+q)} = \{x_1^{(p+1,\ldots,p+q)},\ldots,x_n^{(p+1,\ldots,p+q)}\} \subset {\rm I\!R}^q$,
Clusteranzahl c und
benutzerspezifizierte (Eingangs–)Partitionsmatrix U

2. Bestimme $V^{(p+1,\ldots,p+q)}(U, X^{(p+1,\ldots,p+q)})$ mit

$$v_i^{(p+1,\ldots,p+q)} = \frac{\sum\limits_{k=1}^{n} u_{ik}^m \, x_k^{(p+1,\ldots,p+q)}}{\sum\limits_{k=1}^{n} u_{ik}^m}, \quad i = 1,\ldots,c \quad (6.17)$$

3. Ausgabe: Clusterzentren im Ausgangsraum $V^{(p+1,\ldots,p+q)}$

Abbildung 6.8: Reguläre alternierende Clusterschätzung (rACE)

tren im Ausgangsraum müssen dadurch die Zugehörigkeiten nicht mehr neu geschätzt werden, und der Algorithmus terminiert bereits nach einem einzigen Schritt. Abbildung 6.8 zeigt den Algorithmus dieser *regulären alternierenden Clusterschätzung (Regular Alternating Cluster Estimation, rACE)* [123] für das Beispiel der FCM–Partitionsfunktion (5.93). Die Kreise in Abbildung 6.7 (rechts) zeigen die mit rACE gefundenen Clusterzentren für die Daten aus Abbildung 6.2 (links). Dabei wurden die Prototypen mit (6.17) und $m = 2$ bestimmt. Der dargestellte Linienzug ist der Graph der Übertragungsfunktion $y(x)$, die sich durch Auswertung als Sugeno–Yasukawa–System (5.153) ergibt. Im Bereich $x \in [-1,3]$ ist der Anstieg und die Sättigung der Übertragungsfunktion gut erkennbar und der Approximationsfehler sehr gering. Für $x < -1$ und $x > 3$ stehen der Modellierung nur sehr wenige Daten zur Verfügung. In diesem Bereich besitzt das Modell daher nur eine geringe Aussagekraft. Der rACE–Algorithmus lässt sich leicht auch für Elliptotypes erweitern, so dass auch reguläre lokal lineare Modelle [125] bestimmt werden können, die dann als reguläre Takagi–Sugeno–Systeme implementiert werden können.

6.2 Vernetzte Systeme

Vernetzte Systeme gewinnen zunehmend an Bedeutung im täglichen Leben. Stark verflochtene Straßen- und Schienennetze dienen dem Transport von Menschen und Gütern, schnell expandierende Telekommunikationsnetzwerke wie das Internet transportieren Information, Energie wird innerhalb von Kraftwerken sowie über elektrische Leitungen zu den Verbrauchern transportiert, und in Produktionsprozessen steht der Transport von Roh- und Fertigmaterial innerhalb von Fabriken im Vordergrund. Häufig besteht die in diesen Netzstrukturen

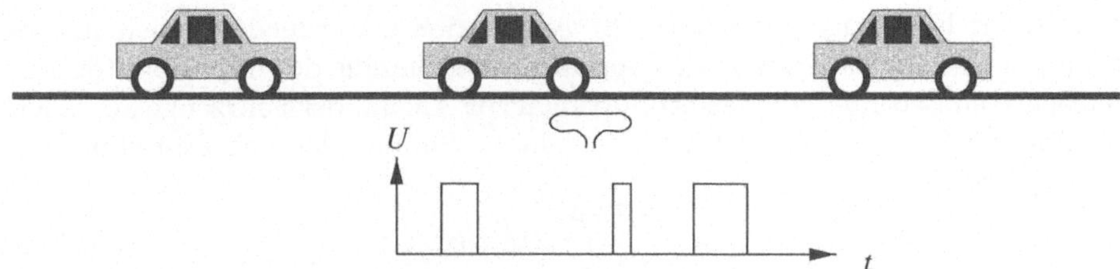

Abbildung 6.9: Verkehrserfassung mit einer Induktionsschleife

transportierte Materie und Information aus einzelnen, klar abgegrenzten Objekten. Dafür verwenden wir den Begriff *granularer Transport*. Methoden der Datenanalyse werden in granularen Transportsystemen eingesetzt, um

- den aktuellen Zustand des Netzes zu erfassen (Monitoring),

- die Gesetzmäßigkeiten des Transports im Netz zu erkennen (Modellierung von Transportströmen),

- die Netzbelastung kurz– und langfristig vorherzusagen (Prognose),

- optimale Wege zu bestimmen (Routing) sowie

- den Gesamtzustand des Netzes zu verbessern (Netzoptimierung).

Beispielhaft werden hier zwei Anwendungen aus dem Bereich Straßenverkehrstechnik vorgestellt: die Klassifikation von Verkehrszuständen auf Autobahnen und die langfristige Prognose für Stadtverkehr [52, 78, 79].

Zur Klassifikation von Verkehrszuständen auf Autobahnen sind vier verschiedene Dienstgüten *(level of service, LOS)* definiert:

1. freier und normaler Verkehr,

2. starker Verkehr,

3. Staugefahr und

4. Stau.

Die Bestimmung der aktuellen Dienstgüte kann von Beobachtern oder den Verkehrsteilnehmern selbst bestimmt werden. Diese Art der Verkehrsklassifikation ist jedoch subjektiv, und der Einsatz von Beobachtern ist kostspielig. Es wird daher versucht, eine möglichst automatische Klassifikation des Straßenverkehrs aus gemessenen Daten zu erreichen. Die Messung des Verkehrs kann z.B. mit Induktionsschleifen in der Fahrbahn erfolgen, in denen jedes vorbeifahrende Fahrzeug einen Spannungsimpuls induziert (Abbildung 6.9). Den induzierten Impulsen in $U(t)$ können zwei Merkmale entnommen werden: Die Anzahl der Impulse pro Zeitintervall Δt gibt die Anzahl der Fahrzeuge an, die die Messstelle während Δt passiert haben. Diese Anzahl wird *Verkehrsstärke q* genannt, gemessen in Fahrzeuge pro Stunde (h^{-1}). Das zweite Merkmal, das sich aus den Impulsen entnehmen lässt, ist das Verhältnis der Summe der Impulsbreiten zum betrachteten Zeitintervall, das proportional zur Anzahl der Fahrzeuge auf einem bestimmten Straßenabschnitt ist. Die relative Summe der Impulsbreiten in % wird *Belegung*

$$b = \frac{\int_{T}^{T+\Delta T} U(t)\, dt}{U_{\max} \cdot \Delta T} \tag{6.18}$$

genannt, und die Anzahl der Fahrzeuge pro Straßenabschnittslänge heißt *Verkehrsdichte* ρ, gemessen in Fahrzeuge pro Kilometer (km^{-1}). Mit der maximalen Verkehrsdichte $\rho_{\max}$ gilt für den Zusammenhang zwischen Belegung und Verkehrsdichte

$$\rho = b \cdot \rho_{\max}. \tag{6.19}$$

Wenn sich alle Fahrzeuge mit der mittleren Geschwindigkeit v bewegen, gilt für die Verkehrsstärke q und die Verkehrsdichte ρ der Zusammenhang

$$q = v \cdot \rho. \tag{6.20}$$

Bei höherer Verkehrsdichte reduzieren die Verkehrsteilnehmer ihre Geschwindigkeit, z.B. um einen Mindestabstand zu den anderen Fahrzeugen einzuhalten. Die mittlere Geschwindigkeit v ist also nicht konstant, sondern hängt von der Verkehrsdichte ρ ab. In [89] wird dieser Zusammenhang mit folgendem Modell beschrieben:

$$v(\rho) = v_0 \cdot \rho \cdot \left(1 - \left(\frac{\rho}{\rho_{\max}}\right)^{l-1}\right)^{\frac{1}{1-m}} \tag{6.21}$$

Für zweispurige Bundesautobahnen wurden in [62] hierfür die Parameter

- mittlere Geschwindigkeit im freien Fluss $v_0 = 110\,km/h$,

- maximale Verkehrsdichte $\rho_{\max} = 170\,km^{-1}$, sowie

- Modellparameter $l = 2.8$ und $m = 0.8$

bestimmt. Abbildung 6.10 (links) zeigt ein Beispiel für ein Verkehrsdichte–Verkehrsstärke–Diagramm mit gemessenen Daten. Diese Daten stimmen mit dem Modell (6.21) gut überein, wenn die Parameter $v_0 = 120\,km/h$ und $\rho_{\max} = 90\,km^{-1}$ und die Modellparameter wie oben gesetzt werden. Den Graphen dieses Modells zeigt die durchgezogene Kurve in Abbildung 6.10 (rechts). Für kleine Verkehrsdichten steigt die Kurve zunächst näherungsweise linear an, d.h. je mehr Fahrzeuge sich auf einem Straßenabschnitt befinden, desto mehr Fahrzeuge passieren diesen Abschnitt. Ab einer Verkehrsdichte von etwa 15 Fahrzeugen pro Kilometer geht diese Kurve in eine Sättigung, d.h. zusätzliche Fahrzeuge behindern den Verkehr. Bei einer Verkehrsdichte von über 25 Fahrzeugen pro Kilometer behindern zusätzliche Fahrzeuge den Verkehr so sehr, dass die Verkehrsstärke sogar abnimmt. Ab 80 Fahrzeugen pro Kilometer ist die Verkehrsstärke schließlich fast gleich null, d.h. alle Fahrzeuge sind zum Stillstand

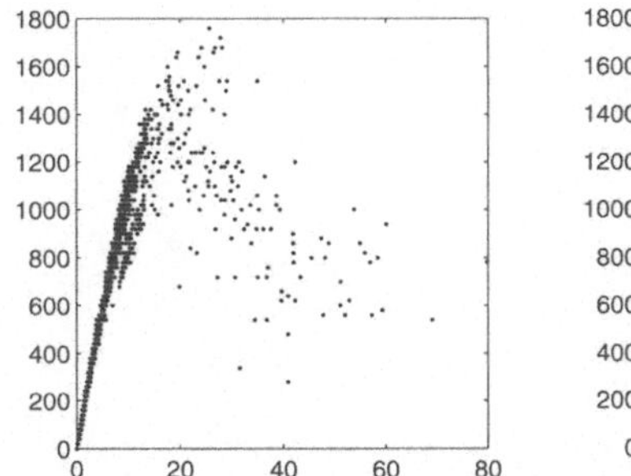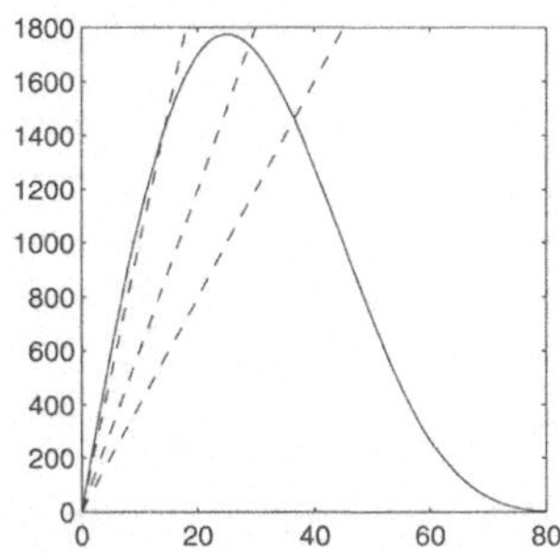

Abbildung 6.10: Verkehrsdichte–Verkehrsstärke–Diagramm: gemessene Daten und Modell (Verkehrsstärke q in Fahrzeuge pro Stunde über Verkehrsdichte ρ in Fahrzeuge pro Kilometer)

gekommen. Der linear ansteigende Teil entspricht dem freien und normalen Verkehr, während die Sättigung und der abfallende Teil der Kurve die Staugefahr und schließlich den Stau beschreibt. Damit lässt sich ein einfacher Verkehrsklassifikator definieren:

$$\text{LOS} = \begin{cases} \text{freier und normaler Verkehr} & \text{falls } \rho < 15\,km^{-1} \\ \text{starker Verkehr} & \text{falls } 15\,km^{-1} \leq \rho < 25\,km^{-1} \\ \text{Staugefahr} & \text{falls } 25\,km^{-1} \leq \rho < 80\,km^{-1} \\ \text{Stau} & \text{falls } \rho \geq 80\,km^{-1} \end{cases} \tag{6.22}$$

Ein anderes Verfahren nutzt die Tatsache, dass (6.20) für konstante Geschwindigkeit v im Verkehrsdichte–Verkehrsstärke–Diagramm eine Gerade durch den Ursprung mit der Steigung v beschreibt. Die gestrichelten Linien in Abbildung 6.10 (rechts) zeigen solche Geraden für $v = 100\,km/h$, $60\,km/h$ und $40\,km/h$ (von links nach rechts). Der entsprechende Verkehrsklassifikator lautet

$$\text{LOS} = \begin{cases} \text{freier und normaler Verkehr} & \text{falls } v \geq 100\,km/h \\ \text{starker Verkehr} & \text{falls } 60\,km/h \leq v < 100\,km/h \\ \text{Staugefahr} & \text{falls } 40\,km/h \leq v < 60\,km/h \\ \text{Stau} & \text{falls } v < 40\,km/h \end{cases} \tag{6.23}$$

Diese beiden einfachen Klassifikatoren gehen von einer fixen Form des Verkehrsdichte–Verkehrsstärke–Diagramms aus. Die Anordnung der Daten in diesem Diagramm ist jedoch nicht konstant, sondern ändert sich z.B. in Abhängigkeit vom Wetter oder der Tageszeit. Für eine robuste Verkehrsklassifikation muss daher zunächst die Form des aktuellen Diagramms aus den Daten identifiziert werden. Dies ist eine Aufgabe der Datenanalyse. Eine Möglichkeit zur Identifikation des Verkehrsdichte–Verkehrsstärke–Diagramms besteht darin, den Graphen als Kombination unterschiedlicher geometrischer Formen zu interpretieren: eine Linie durch den Ursprung für freien und normalen Verkehr sowie drei Punktwolken, die sich oben rechts anschließen, für die übrigen drei Dienstgüten. Die

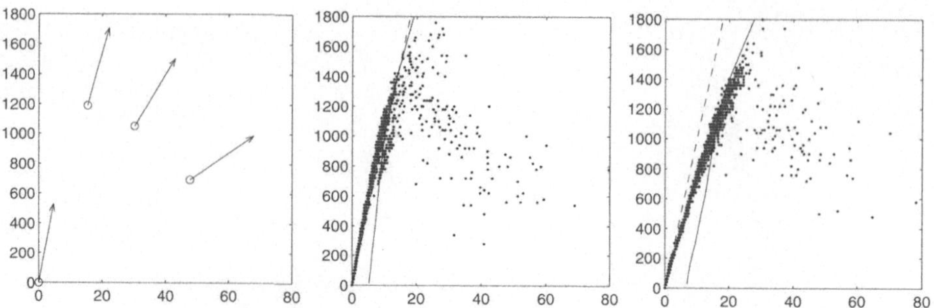

Abbildung 6.11: Cluster im Verkehrsdichte–Verkehrsstärke–Diagramm und Klassengrenzen für freien Verkehr (gestrichelt: feste Grenzen, durchgezogen: aus Datenanalyse

Parameter dieser geometrischen Formen lassen sich durch Clusteranalyse gemäß Abschnitt 5.6 bestimmen. Die Linie durch den Ursprung lässt sich analog zum FCL–Prototyp als

$$p_1 = ((0,0), d_1) \qquad (6.24)$$

mit dem Abstandsmaß (5.100) darstellen. Für die drei Punktwolken können Elliptotypes gewählt werden, die spezifische Durchschnittsgeschwindigkeiten repräsentieren, und deren Richtungsvektoren daher gemäß (6.20) durch den Ursprung gehen. Die Prototypen für die Punktwolken lauten also

$$p_i = (v_i, v_i/\|v_i\|), \quad i = 2, \ldots, 4, \qquad (6.25)$$

mit dem Abstandsmaß (5.104) und dem Parameter $\alpha = 0.9$. Um der größeren lateralen Ausdehnung der Elliptotypes im Vergleich zur Ursprungsgeraden Rechnung zu tragen, wird bei den Prototypen $2, \ldots, 4$ die Diagonalnorm (2.11) mit

$$A = \begin{pmatrix} 0.1 & 0 \\ 0 & 0.1 \end{pmatrix} \qquad (6.26)$$

anstatt der Euklid'schen Norm (2.10) verwendet. Da hier unterschiedliche Prototypen in einer gemeinsamen Kostenfunktion (5.101) verwendet werden (Ursprungsgerade und Ursprungselliptotypes), nennen wir dieses Modell auch *Fuzzy c–Mixed Prototypes (FCMP)* [142, 143].

Die Daten aus Abbildung 6.10 (links) werden mit dem Würfel $x_{\min} = (0,0)$ und $x_{\max} = (80\,km^{-1}, 1800\,h^{-1})$ standardisiert (3.21) und eine alternierende Optimierung des beschriebenen FCMP–Modells ($m = 2$) durchgeführt. Um sicherzustellen, dass die Punkte in der Nähe des Ursprungs dem ersten Cluster zugeordnet werden, wird dieser Prototyp als $p_1 = ((0,0), (0,1))$ initialisiert. Abbildung 6.11 (links) zeigt die gefundenen Prototypen (Kreise: Clusterzentren $v_1, \ldots, v_4$, Pfeile: Richtungsvektoren $d_1, \ldots, d_4$, von links nach rechts). Die Steigung des Pfeils am Ursprung stimmt gut mit der Steigung der Punkte im Datensatz überein. Die drei übrigen Pfeile repräsentieren drei Punktwolken für starken Verkehr, Staugefahr und Stau, die relativ gleichmäßig über die Datenpunkte rechts von der Geraden verteilt sind.

Die mit alternierender Optimierung des FCMP–Modells gefundene Partitionsmatrix weist jedem Punkt des Datensatzes Zugehörigkeiten zu den vier Clustern (d.h. Dienstgüten) zu. Mit Hilfe der Maximum–Teilmengendefuzzifizierung (5.191) kann jedem Punkt eine einzige Dienstgüte zugewiesen werden, indem das Cluster mit der höchsten Zugehörigkeit ausgewählt wird. Die Grenze der Punkte, die auf diese Weise als „freier und normaler Verkehr" klassifiziert werden, ist als durchgezogene Kurve im mittleren Diagramm in Abbildung 6.11 dargestellt. Punkte links dieser Kurve gehören zu Cluster 1, Punkte rechts davon zu einem der Cluster $2, \ldots, 4$. Die gestrichelte Linie zeigt die Gerade $v = 100 \, km/h$, die für den einfachen Klassifikator nach (6.23) die Dienstgüte „freier und normaler Verkehr" begrenzt. Beide Grenzen (und damit beide Klassen) stimmen so gut miteinander überein, dass die gestrichelte Linie neben der durchgezogenen Kurve kaum zu erkennen ist. Das rechte Diagramm in Abbildung 6.11 zeigt einen Datensatz von der selben Messstelle, der an einem anderen Tag aufgenommen wurde. Vermutlich aufgrund schlechteren Wetters ist der Anstieg der Geraden für freien Verkehr hier deutlich geringer. Auch für diesen Datensatz wurden Cluster mit dem FCMP–Modell bestimmt. Die Grenze von Cluster 1 liegt weiter rechts und klassifiziert alle Punkte auf dem unteren und mittleren Teil der Geraden korrekt als „freier und normaler Verkehr". Der Klassifikator mit fester Geschwindigkeitsgrenze (gestrichelt) berücksichtigt diese Veränderung nicht und klassifiziert nahezu alle Punkte auf der Geraden als „starker Verkehr" oder gar „Staugefahr". Das FCMP–Modell führt also zu einer wesentlich robusteren Verkehrsklassifikation als die konventionellen geschwindigkeitsorientierten Verfahren.

In der obigen Anwendung wurde die zeitliche Abfolge der Verkehrsstärken und Verkehrsdichten nicht berücksichtigt. Für eine Verkehrsprognose werden dagegen Zeitreihen der Verkehrsstärke betrachtet. Eine Zeitreihe der Verkehrsstärke über 24 Stunden hinweg wird *Tagesgangkurve* genannt. Wir betrachten hier nur Tagesgangkurven von Montag bis Donnerstag, da diese sehr ähnlich verlaufen, während sich die Kurven an Freitagen und am Wochenende sehr unterschiedlich verhalten. Der vorliegende Datensatz von einer Messstelle im Stadtverkehr enthält für jedes Messintervall von 15 Minuten ein Messwert, eine komplette Tagesgangkurve besteht also aus $24 \cdot 4 = 96$ Werten. Wegen der starken Schwankungen der Verkehrsstärkemesswerte wurde eine Filterung der Tagesgangkurven mit dem gleitenden Median der Ordnung 5 (3.13) durchgeführt. Abbildung 6.12 (links) zeigt 20 solcher (gefilterter) Tagesgangkurven. Ein Vergleich mit Abbildung 6.10 zeigt, dass die in der Stadt gemessenen maximalen Verkehrsstärken nur etwa ein drittel so groß sind wie auf Autobahnen. Bis auf einige Ausreißer haben alle Tagesgangkurven eine ähnliche Form: Um etwa 6 Uhr springt die Verkehrsstärke von nahezu null auf den Tageshöchstwert, der bis etwa 8 Uhr beibehalten wird, sinkt dann auf ein Plateau ab, steigt um etwa 16 Uhr auf den Nachmittagshöchstwert, der etwa die Hälfte des Tageshöchstwertes beträgt, und sinkt schließlich ab etwa 18 Uhr langsam wieder auf null ab. Die absoluten Verkehrsstärken, die an den einzelnen Tagen zu bestimmten

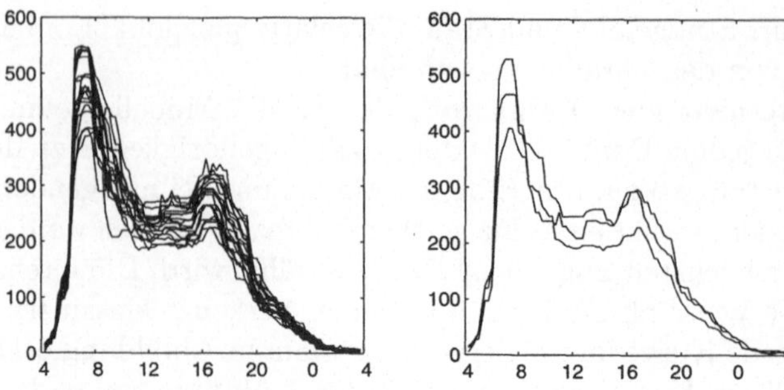

Abbildung 6.12: Einige Tagesgangkurven (Montag bis Donnerstag) und 3 Clusterzentren (Verkehrsstärke in Fahrzeuge pro Stunde über Uhrzeit t in Stunden)

Uhrzeiten gemessen werden, weichen jedoch um bis zu 100 Fahrzeuge pro Stunde voneinander ab. Dies ist darauf zurückzuführen, dass in diesem Datensatz
Tage mit Großveranstaltungen, normale Tage und Urlaubstage enthalten sind,
die sich durch unterschiedliches Verkehrsaufkommen auszeichnen.

Mit Hilfe eines Kalenders lassen sich diese Daten manuell klassifizieren, dies
ist jedoch sehr aufwendig, und es ist z.B. schwierig zu entscheiden, ab welcher
Anzahl der Besucher eine Veranstaltung als Großveranstaltung gewertet werden
kann und ob ein einzelner Schulferientag bereits als Urlaubstag zählen soll. Ein
entsprechender Ansatz, der insgesamt 161 Unterklassen verwendet, ist in [142]
beschrieben. Ein wesentlich einfacherer Ansatz findet eine vorgegebene Anzahl
typischer Tagesgangkurven aus unklassifizierten Daten mit Hilfe der Clusteranalyse. Hierzu wird jede Tagesgangkurve als ein 96–dimensionaler Vektor von
(gefilterten) Verkehrsstärkemesswerten geschrieben. In dem dadurch erzeugten
Datensatz werden mit alternierende Optimierung mit dem FCM–Modell (5.90)
und dem Parameter $m = 2$ $c = 3$ Cluster bestimmt. Jedes dieser 3 Cluster
repräsentiert ein typische Tagesgangkurve. Die gefundenen drei typischen Tagesgangkurven sind Abbildung 6.12 (rechts) dargestellt. Im Nachhinein lassen
sich diese unklassifizierten Tagesgangkurven bestimmten Klassen zuweisen. Die
obere Kurve entspricht einer typischen Tagesgangkurve bei Großveranstaltungen, die mittlere einer für normale Tage und die untere einer für Urlaubstage.
Mit diesen typischen Tagesgangkurven lässt sich ein Langzeitprognosesystem
aufbauen. Ein solches System erhält jeden Tag die Information, ob eine Großveranstaltung oder ein Urlaubstag vorliegt, und wählt dementsprechend eine der
drei typischen Tagesgangkurven aus. Die prognostizierten Verkehrsstärken werden der gewählten Tagesgangkurve entnommen. Diese einfache Vorgehensweise
zur Verkehrsprognose lässt sich leicht auf höhere Klassenanzahlen erweitern.

6.3 Bildverarbeitung

Elektronische bilderfassende Systeme [25] stellen ein Bild als zweidimensionales Feld von Bildpunkten *(Pixeln)* dar. Bei Grauwertbildern kann jeder dieser Bildpunkte durch einen skalaren Wert beschrieben werden. Diese Grauwerte sind meist als Binärzahlen mit einer Auflösung von r bit implementiert. Ein Bild mit der Höhe h Pixel und der Breite b Pixel kann somit als eine Datenmatrix

$$X \in \{\frac{0}{2^r - 1}, \frac{1}{2^r - 1}, \ldots, 1\}^{b \times h} \tag{6.27}$$

betrachtet werden, wobei der Grauwert 0 ein schwarzes Pixel darstellt und der Grauwert 1 ein weißes. Heutige Kameras arbeiten mit Bildgrößen zwischen 640×480 (VGA–Grafikkarte, *Video Graphics Array*) bis 3076×2048 Pixeln bei einer Auflösung von 8 oder 12 bits [99]. Ein einziges Grauwertbild kann also bis zu 10 Megabytes groß sein, daher werden häufig (verlustbehaftete) Bildkompressionsverfahren wie JPEG *(Joint Photographic Experts Group)* [101] eingesetzt. Datenanalyse werden in der Bildverarbeitung eingesetzt, um

- die optische Qualität eines Bildes, also den Kontrast und die Erkennbarkeit von Objekten zu erhöhen (Bildverbesserung),

- Grenzen zwischen Objekten zu erkennen (Kantendetektion),

- einzelne Objekte und Objektgruppen zu unterscheiden (Bildsegmentierung),

- einzelne Objekte und Objektgruppen zu identifizieren (Objekterkennung), sowie

- inhaltliche und semantische Informationen aus der Anordnung der Objekte zu gewinnen (Bildverständnis).

Zu den wichtigsten Anwendungsfeldern der Bildverarbeitung gehören Medizin, Luft– und Raumfahrt, Industrieanlagen und die Verkehrsüberwachung. In diesem Abschnitt wird beispielhaft eine Anwendung aus der medizinischen Bildverarbeitung betrachtet: die Bildsegmentierung für Mammografieaufnahmen [16].

Die Mammografie ist eine Röntgenuntersuchung der weiblichen Brust, mit der noch nicht tastbare Knoten sowie gut– und bösartige Veränderungen erkannt werden können [53]. Solche Veränderungen treten bei fast 10% aller Frauen auf; die Heilungschancen bei frühzeitiger Erkennung und Behandlung betragen etwa 80%. Zur frühzeitigen Erkennung von Brustkrebs werden in vielen Ländern Screening–Programme durchgeführt [39]. Anonymisierte Bildaufnahmen eines solchen Programms aus Großbritannien wurden von der *Mammographic Image Analysis Society (MIAS)* in einer Bilddatenbank gespeichert, die über das *Pilot European Image Processing Archive (PEIPA)* der Universität Essex verfügbar ist (ftp://peipa.essex.ac.uk/ipa/pix/mias/). Die MIAS–Dateien enthalten Grauwertbilder mit 1024×1024 Pixeln und einer Auflösung von 8 bit, die neben den eigentlichen Mammografieaufnahmen unterschiedlicher Größe auch einfach

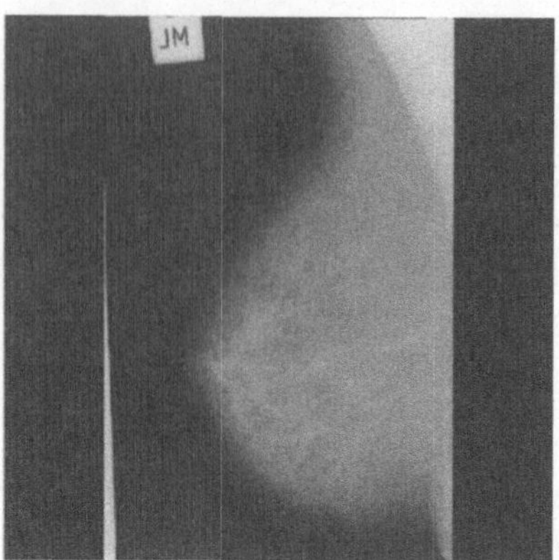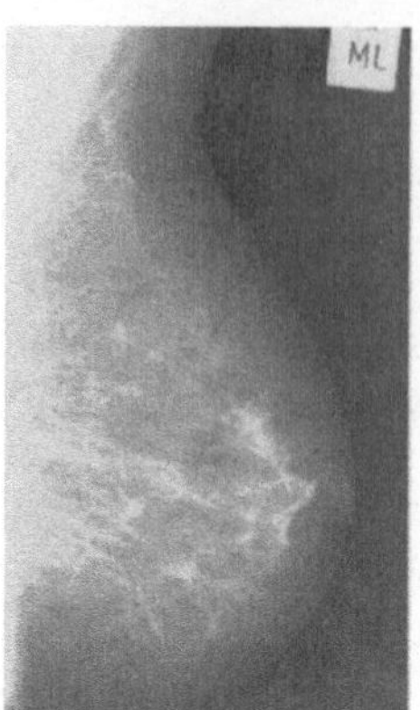

Abbildung 6.13: Originalbild und vorverarbeitetes Bild

schwarzen Hintergrund zeigen. Zur Vorverarbeitung wird daher zunächst der interessierende Bereich, also die Mammografieaufnahme ohne den Hintergrund durch manuelles Ausschneiden ausgewählt. Zur besseren Vergleichbarkeit werden einige Bilder gespiegelt, so dass die Brustspitzen jeweils nach rechts zeigen. Die Grauwerte aller Pixel jedes Bildes sind sehr ungleichmäßig verteilt. Eine bessere Erkennbarkeit wird durch *Histogramm–Balancierung* [110] erreicht. Dies ist eine monotone Abbildung der Grauwerte, die zu einem näherungsweise gleichverteilten Grauwerthistogramm führt. Abbildung 6.13 zeigt ein Originalbild aus der MIAS–Datenbank (links) und das Ergebnis der Vorverarbeitung (rechts). Im Originalbild links sind die Grenzen der eigentlichen Röntgenaufnahme durch den schwarzen Rand und den weißen Keil links unten gut zu erkennen. Nach der Histogramm–Balancierung sind die Gewebestrukturen innerhalb der Brust deutlich besser zu erkennen als vorher. Diese Gewebestrukturen werden anschließend vom Arzt genauer auf krankhafte Veränderungen untersucht und dienen somit als Grundlage für die Diagnose. Das Ziel der Bildsegmentierung ist es daher, diejenige Teilfläche (also diejenige Pixelmenge) des Bildes zu bestimmen, in der sich die für den Arzt interessanten Gewebestrukturen befinden.

Zur Erkennung der Strukturen wird ein 19×19 Pixel großes Fenster zeilen– und spaltenweise über das Bild geführt und innerhalb des Fensters die statistischen Maße Mittelwert (2.13) und Standardabweichung (3.2) bestimmt. Für jedes Bild der Größe $b \times h$ Pixel existieren $(b - 18) \cdot (h - 18)$ verschiedene Fenster. Abbildung 6.14 (links) zeigt das Streudiagramm der Standardabweichung all dieser Fenster für das vorverarbeitete Bild aus Abbildung 6.13 (rechts) über den jeweiligen Mittelwerten dieser Fenster. In diesem Streudiagramm sind ellipsenförmige Strukturen zu erkennen, die sich in kleinerem Maßstab wiederholen und deswegen an ein Fraktal erinnern [83]. Fraktale Strukturen in Bildern wurden in [63, 92, 104] zur Erkennung von Texturen untersucht; im Unterschied dazu werden hier fraktale Strukturen im Merkmalsraum betrachtet [119]. Abbildung 6.14 (rechts) zeigt ein quadratisches Grauwertbild mit 256×256 Pi-

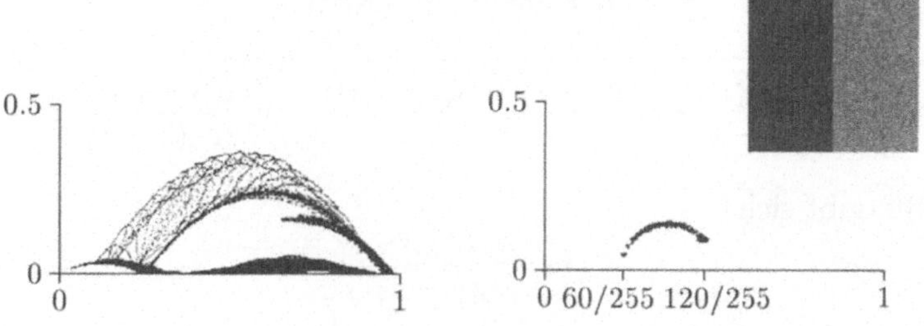

Abbildung 6.14: Statistische Merkmale für vorverarbeitetes Bild und Beispiel-muster (Standardabweichung über Mittelwert)

xeln, dessen linke und rechte Hälfte mit zwei unterschiedlichen Texturen gefüllt sind. Die Pixel der linken Hälfte haben zufällige Grauwerte zwischen 0 und 120/255, die der rechten Hälfte zwischen 0 und 240/255. Für das menschliche Auge sind unterschiedliche Texturen wie diese leicht zu unterscheiden, mit rechnergestützten Verfahren ist dies dagegen oft schwierig [148]. Das Streudiagramm in Abbildung 6.14 (rechts) zeigt den statistischen Merkmalsraum für dieses Texturbeispiel, in dem ein Ellipsenbogen zu erkennen ist. Für Fenster, die innerhalb einer einzigen Textur liegen, beträgt der Mittelwert der Grauwerte etwa $\bar{x}_1 = 60/255$ (links) bzw. $\bar{x}_2 = 120/255$ (rechts), falls diese Fenster eine hinreichend große Stichprobe enthalten. Alle Fenster, die vollständig innerhalb der linken Hälfte liegen, entsprechen also dem linken Eckpunkt des Bogens, und alle Fenster in der rechten Hälfte dem rechten Eckpunkt. Alle übrigen Fenster liegen im Übergangsbereich zwischen zwei Texturen und enthalten $n_1 > 0$ Pixel der einen Textur und $n_2 > 0$ Pixel der anderen Textur, $n_1 + n_2 = n = b \cdot h = 255 \cdot 255$. Ohne Beschränkung der Allgemeinheit seien dies die Pixel $x_1, \ldots, x_{n_1}$ bzw. $x_{n_1+1}, \ldots, x_n$. Unter der Annahme einer hinreichend großen Stichprobe gilt für Mittelwert und Standardabweichung eines solchen Fensters

$$\bar{x} = \frac{1}{n_1 + n_2}\left(\sum_{k=1}^{n_1} x_k + \sum_{k=n_1+1}^{n} x_k\right) \tag{6.28}$$

$$= \frac{n_1 \cdot \bar{x}_1 + n_2 \cdot \bar{x}_2}{n_1 + n_2} = \bar{x}_2 + \frac{\bar{x}_1 - \bar{x}_2}{n} \cdot n_1, \tag{6.29}$$

$$s = \sqrt{\frac{1}{n-1}\sum_{k=1}^{n}(x_k - \bar{x})^2} = \sqrt{\frac{1}{n-1}\left(\sum_{k=1}^{n}(x_k)^2 - n(\bar{x})^2\right)} \tag{6.30}$$

$$= \sqrt{\frac{(n_1 - 1)s_1^2 + n_1\bar{x}_1^2 + (n_2 - 1)s_2^2 + n_2\bar{x}_2^2 - n\bar{x}^2}{n-1}}. \tag{6.31}$$

Einsetzen von $n_2 = n - n_1$ und $\bar{x}$ aus (6.29) ergibt

$$s = \sqrt{s_2^2 - \frac{s_1^2}{n-1} + n_1 \frac{s_1^2 - s_2^2 + (\bar{x}_1 - \bar{x}_2)^2}{n-1} - n_1^2 \frac{(\bar{x}_1 - \bar{x}_2)^2}{n \cdot (n-1)}}. \qquad (6.32)$$

Aus (6.29) ergibt sich

$$n_1 = \frac{\bar{x} - \bar{x}_2}{\bar{x}_1 - \bar{x}_2} \qquad (6.33)$$

und durch Einsetzen in (6.32)

$$s = \sqrt{s_2^2 - \frac{s_1^2}{n-1} + \frac{n(s_1^2 - s_2^2 + (\bar{x}_1 - \bar{x}_2)^2)(\bar{x} - \bar{x}_2)}{(n-1)(\bar{x}_1 - \bar{x}_2)} - \frac{n(\bar{x}_1 - \bar{x}_2)^2}{n-1}} \qquad (6.34)$$

Weitere Umformung ergibt die Gleichung

$$\frac{(\bar{x} - z)^2}{r^2} + \frac{s^2}{\left(\sqrt{\frac{n}{n-1}}r\right)^2} = 1, \qquad (6.35)$$

die eine Ellipse mit dem Zentrum $(z, 0)$ und den Radien $(r, \sqrt{\frac{n}{n-1}}r)$ beschreibt,

$$z = \frac{s_1^2 - s_2^2 + \bar{x}_1^2 - \bar{x}_2^2}{2(\bar{x}_1^2 - \bar{x}_2^2)} \qquad (6.36)$$

$$r = \sqrt{\frac{n-1}{n}s_2^2 - \frac{s_1^2}{n} + \left(\frac{s_1^2 - s_2^2 + (\bar{x}_1 - \bar{x}_2)^2}{2(\bar{x}_1 - \bar{x}_2)}\right)^2}. \qquad (6.37)$$

Für große Werte von $n \gg 1$ geht diese Ellipse in einen Kreis um $(z, 0)$ mit dem Radius r über. In [119] wurden Ellipsenzentrum und Radien für den Sonderfall $\bar{x}_1 = 1$, $s_1 = 0$, $\bar{x}_2 = 0$, $s_2 = 0$ bestimmt.

$$z = \frac{0 - 0 + 1 - 0}{2 \cdot (1 - 0)} = \frac{1}{2} \qquad (6.38)$$

$$r = \sqrt{0 - 0 + \left(\frac{0 - 0 + (1 - 0)^2}{2 \cdot (1 - 0)}\right)^2} = \sqrt{\frac{1}{2^2}} = \frac{1}{2}. \qquad (6.39)$$

Enthält ein Bild genau zwei verschiedene Texturen, so liegen alle statistischen Merkmale der Fenster auf einer Ellipse nach (6.35) mit den Parametern aus (6.36) und (6.37), wie in Abbildung 6.14 (rechts). Enthält ein Bild dagegen mehr als zwei verschiedene Texturen, so führt jeder Übergang zwischen zwei Texturen zu einem Ellipsenbogen im Merkmalsraum. Für das Bild aus Abbildung 6.13 (rechts) sind dies die Ellipsenbögen, die in Abbildung 6.14 (links) erkennbar sind. In einem solchen Bild sind also zahlreiche verschiedene Texturübergänge vorhanden. Für eine Bildsegmentierung können alle Pixel zu Segmenten zusammengefasst werden, die zum gleichen Texturübergang gehören, deren Merkmale also auf der selben Ellipse liegen. Mit einer Variante des Fuzzy c–Shells (FCS)

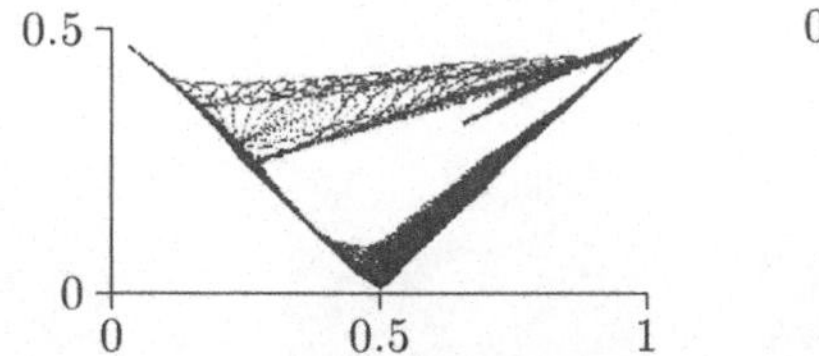 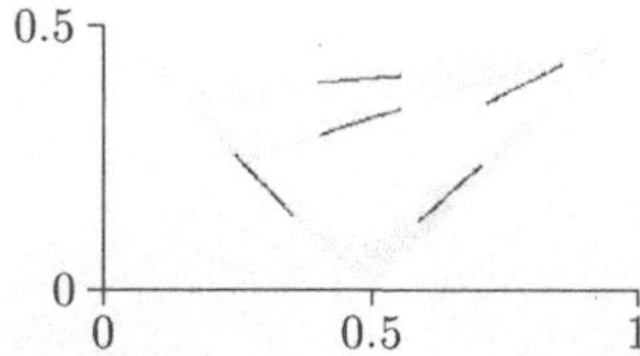

Abbildung 6.15: Transformierte statistische Merkmale für vorverarbeitetes Bild und gefundene Prototypen (Radius über Mittelwert)

Modells nach (5.106). lassen sich nicht nur Lage und Form der einzelnen Ellipsen automatisch aus dem Merkmalsdatensatz bestimmen, sondern auch die Zugehörigkeiten der einzelnen Punkte, also die Zuordnung der Punkte zu den einzelnen Ellipsen. Wir verwenden hier stattdessen eine Merkmalstransformation mit einem Radius

$$r = \sqrt{\left(\frac{1}{2} - \bar{x}\right)^2 + s^2},$$ (6.40)

die die Ellipsen im Merkmalsraum $(\bar{x}, s)$ in Linien im transformierten Merkmalsraum $(\bar{x}, r)$ abbildet. Aus den Ellipsen in Abbildung 6.14 (links) werden dadurch die Linien in Abbildung 6.15 (links). Die Linien in diesem transformierten Merkmalsraum lassen sich mit dem Fuzzy c–Elliptotypes Modell nach (5.104) identifizieren. Abbildung 6.15 (rechts) zeigt die so bestimmten Prototypen für $c = 5$ und $\alpha = 0.9$.

Anhand der höchsten Zugehörigkeitswerte der Partitionsmatrix kann jeder Punkt im Merkmalsraum scharf einem der fünf Cluster (Segmente) zugeordnet werden. Jeder Punkt im Merkmalsraum entspricht einem 9×9 Pixel großen Fenster im Bildraum. Jedem der fünf Cluster wird ein spezifischer Grauwert zugewiesen und das Zentrumspixel eines jeden Fensters entsprechend der scharfen Clusterzugehörigkeit eingefärbt. Die ersten beiden Bilder der obersten Zeile in Abbildung 6.16 zeigen das vorverarbeitete Bild aus Abbildung 6.13 (rechts) und das den FCE–Clustern aus Abbildung 6.15 (rechts) entsprechende segmentierte Bild. Dieses segmentierte Bild enthält ein schwarzes Hintergrundsegment, das deutlich die Umrisse der Brust und der künstlichen Markierung rechts oben begrenzt. Die verästelten Strukturen innerhalb der Brust liegen im hellgrauen Bildsegment. Die übrigen Bilder in Abbildung 6.16 zeigen ähnliche Ergebnisse für fünf weitere Mammografieaufnahmen (vorverarbeitete Bilder jeweils in der ersten und dritten Spalte, entsprechende segmentierte Bilder in der zweiten und vierten Spalte). Das Verfahren eignet sich zur Bildverdeutlichung (Kontrastverstärkung), zur automatischen Hintergrunderkennung und zur automatischen Erkennung von Bildbereichen mit interessanten Strukturen.

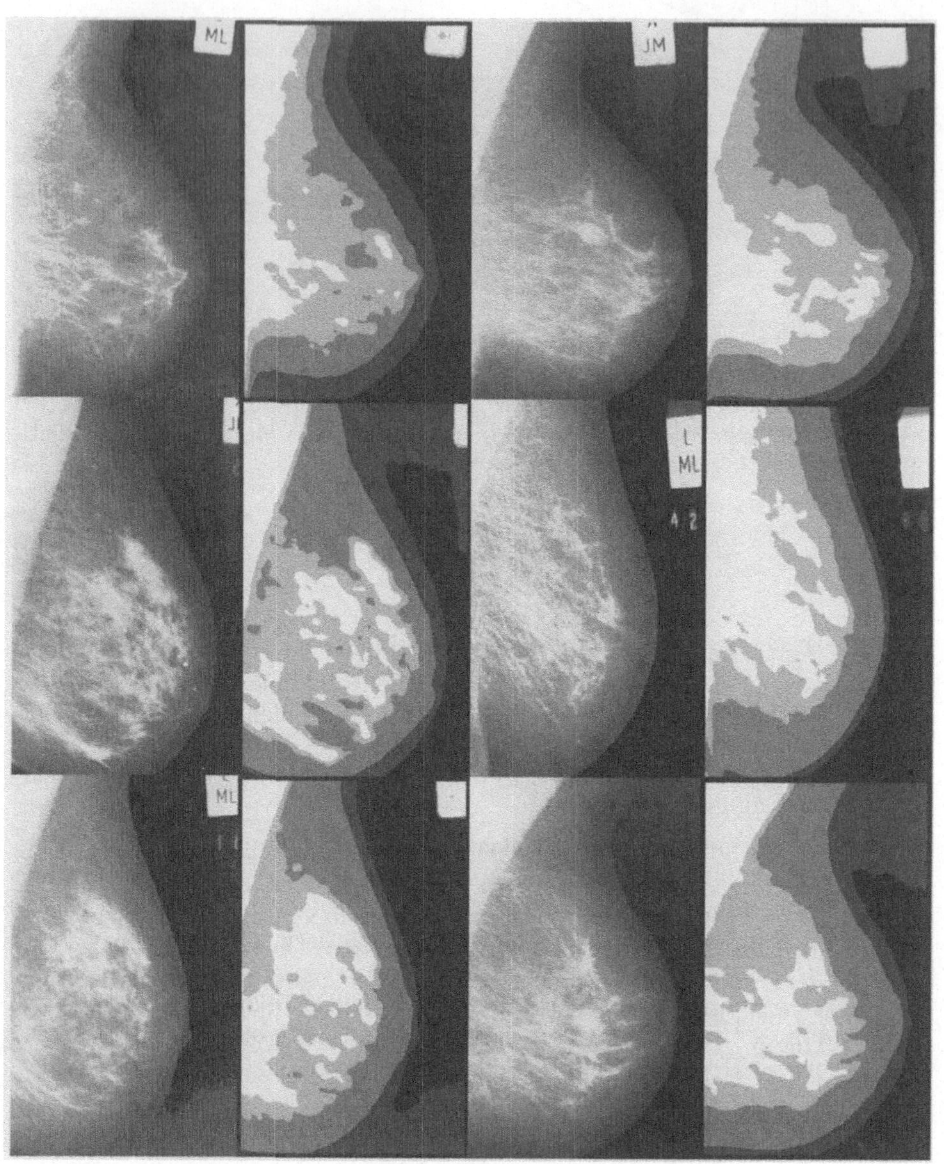

Abbildung 6.16: Vorverarbeitete und segmentierte Bilder

6.4 Marketing

Im Gegensatz zum rein produktorientierten Verkauf wird mit Marketing [72, 90, 136] versucht, sich durch Orientierung an Kundenbedürfnissen Wettbewerbsvorteile zu verschaffen und zu nutzen. Zu den wichtigsten Mitteln des Marketings gehören die Kundensegmentierung, die Produktsegmentierung, die Analyse der Wettbewerber und die Umsetzung der gewonnenen Erkenntnisse. Insbesondere zur Marktsegmentierung und –analyse werden zunehmend Methoden der Datenanalyse eingesetzt [8, 73, 147, 156]. Zu den wichtigsten Aufgaben der Datenanalyse im Marketing gehören [93]:

Segmentierung: Welche Art von Kunden hat eine Firma?

Klassifikation: Ist ein bestimmter Kunde ein potenzieller Kunde?

Konzeptbeschreibung: Welche Eigenschaften hat ein potenzieller Kunde?

Vorhersage: Welcher Umsatz wird im nächsten Jahr erzielt werden?

Abweichungsanalyse: Warum hat sich das Kundenverhalten geändert?

Abhängigkeitsanalyse: Wie beeinflusst Marketing das Kundenverhalten?

All diese Aufgaben können mit den in diesem Buch beschriebenen Datenanalysemethoden behandelt werden. Als Beispiel werden hier die ersten drei Aufgaben betrachtet. Abbildung 6.17 zeigt einen Ausschnitt einer relationalen Datenbank [66, 91, 135] eines Versandhauses. Die linke Tabelle zeigt die Kundendatei, in der für jeden der hier verwendeten $n = 1000$ Kunden die Kundennummer, die Postleitzahl des Wohnortes, das Geburtsjahr und weitere Angaben gespeichert sind. Das Geburtsjahr wird wegen des Jahr–2000–Problems vierstellig gespeichert. Die rechte Tabelle zeigt sie Umsatzdatei, in der zu jeder Bestellung die Kundennummer, die Höhe des Umsatzes (Rechnungsbetrag) und weitere Angaben gespeichert sind. Jede Kundennummer in der ersten Spalte der Umsatzdatei referenziert einen Kunden gemäß der ersten Spalte der Kundendatei. Viele Kunden haben mehr als einmal Produkte bestellt, so dass viele Kundennummern in der Umsatzdatei mehrfach vorkommen. Die persönlichen Angaben jedes Kunden sind jedoch nur einmal in der Kundendatei gespeichert, so dass jede Kundennummer in der Kundendatei genau einmal vorkommt. Der Vorteil einer solchen relationalen Datenbank liegt darin, dass trotz mehrmaliger Bestellungen die Postleitzahl und das Geburtsjahr jedes Kunden nur einmal gespeichert ist. Daducrh wird einerseits der Speicherbedarf für die Datenbank geringer, andererseits wird aber auch der Änderungsaufwand geringer, denn bei Umzug eines Kunden muss lediglich ein einziger Eintrag in der Kundendatei und nicht jede einzelne Bestellung geändert werden [26]. Der Begriff „relationale Datenbank“ bezieht sich auf die Relationen zwischen Elementen verschiedener Dateien, im Gegensatz zu „relationalen Datenanalysemethoden“ nach Abschnitt 5.12, bei denen die Daten selbst durch eine Relationsmatrix spezifiziert werden.

Kundendatei

Kunden-nummer	PLZ	Geburts-jahr	...
1	84513	1975	...
2	71932	1975	...
3	29994	1965	...
4	37406	1973	...
5	81347	1967	...
6	28386	1965	...
7	98893	1963	...
8	91957	1971	...
9	80020	1972	...
10	17785	1938	...
⋮	⋮	⋮	⋮
990	78167	1975	...
991	88022	1970	...
992	20889	1957	...
993	21471	1941	...
994	37093	1955	...
995	84238	1944	...
996	82542	1976	...
997	97129	1969	...
998	99425	1970	...
999	81061	1973	...
1000	69328	1972	...

Umsatzdatei

Kunden-nummer	Umsatz	...
884	109.38	...
765	57.73	...
640	63.28	...
846	549.33	...
583	56.00	...
880	59.82	...
266	1778.00	...
171	31.34	...
692	106.40	...
388	540.00	...
⋮	⋮	⋮
652	110.59	...
624	1013.00	...
952	108.87	...
846	75.49	...
927	71.50	...
673	206.38	...
624	605.00	...
971	1495.00	...
856	189.33	...
139	224.95	...
450	299.83	...

Abbildung 6.17: Relationale Marketingdatenbank

Zur Datenanalyse werden dagegen meist Einträge aus der Datenbank abgefragt und in einer einzigen Datei gespeichert, die alle Komponenten jedes Merkmalsvektors (möglicherweise wiederholt) enthält (siehe auch Abschnitt 3.6). Eine derart aus einer Datenbank extrahierte Datei wird auch *flache Datei (flat file)* genannt. Nach Erstellung einer flachen Datei kann völlig ignoriert werden, dass die Daten ursprünglich aus einer relationalen Datenbank stammen. Es lassen sich dann sämtliche hier beschriebenen Datenanalysemethoden anwenden. Einige dieser Methoden lassen sich jedoch auch so modifizieren, dass sie direkt auf relationale Datenbanken angewendet werden können, ohne dass eine flache Datei erstellt werden muss. Beispielhaft wird dies im Folgenden für die Clusteranalyse gezeigt.

Die für die Datenanalyse wichtige Merkmale für jeden Kunden aus Abbildung 6.17 sind Postleitzahl, Geburtsjahr und Summe aller Umsätze. Die Datenmatrix einer entsprechenden flachen Datei enthält drei Spalten mit diesen drei Komponenten, wobei der Zeilenindex $k = 1, \ldots, n$ der Kundenummer entspricht.

$$X = \left(x^{(1)}, x^{(2)}, x^{(3)}\right) \in \mathrm{I\!R}^{n \times 3} \tag{6.41}$$

Die beiden Dateien der relationalen Datenbank aus Abbildung 6.17 lassen sich ebenfalls als Datenmatrizen schreiben. Die Datenmatrix der Kundendatei lautet

$$Y = \left(x^{(1)}, x^{(2)}\right) \in \mathrm{I\!R}^{n \times 2}, \tag{6.42}$$

und die Datenmatrix der Umsatzdatei lautet

$$Z = (J, S) \in \mathrm{I\!R}^{n_z \times 2}, \tag{6.43}$$

wobei J der Vektor der Kundennummern und S der Vektor der (einzelnen) Umsätze ist. In obigem Beispiel ist die Anzahl der Umsätze $n_z = 3660$, jeder Kunde hat also im Durchschnitt 3.66 Bestellungen aufgegeben. Die Gesamtumsätze jedes Kunden lassen sich durch Summierung aus den einzelnen Umsätzen berechnen.

$$x_k^{(3)} = \sum_{j_l = k} s_l, \quad k = 1, \ldots, n, \quad l = 1, \ldots, n_z \tag{6.44}$$

Die Aufgabe der Clusteranalyse ist es, eine Menge von $c \in \{2, \ldots, n-1\}$ Clustern

$$V = \{v_1, \ldots, v_c\} \in \mathrm{I\!R}^3 \tag{6.45}$$

zu finden, die die drei Merkmale Postleitzahl, Geburtsjahr und Summe aller Umsätze von c charakteristischen Kunden enthält. Diese Clusteranalyse lässt sich mit drei unterschiedlichen Strategien durchführen: mit Hilfe einer flachen Datei, echt relational oder abstandsbasiert.

flache Datei: Aus den Dateien der Datenbank wird eine einzige flache Datei erzeugt und in dieser eine konventionelle Clusteranalyse durchgeführt.

1. berechne Umsatzsummen nach (6.44)

2. generiere flache Datei $X = \left(Y^{(1)}, Y^{(2)}, X^{(3)}\right)$

3. Clusteranalyse mit dem Abstand

$$d_{ik} = \sqrt{(x_k - v_i)^T A(x_k - v_i)}, \quad i = 1, \dots, c, \quad k = 1, \dots, n, \quad (6.46)$$

wobei in diesem Beispiel die Diagonalnorm

$$A = \begin{pmatrix} 0.00001 & 0 & 0 \\ 0 & .01 & 0 \\ 0 & 0 & 0.0001 \end{pmatrix}^2 \qquad (6.47)$$

verwendet wird

echt relational: Es wird ohne weitere Vorbehandlung der Daten eine Clusteranalyse durchgeführt. Hierzu wird in jedem Iterationsschritt die Abstandsmatrix D berechnet:

$$d_{ik} = \sqrt{(d_{ik}^y)^2 + (d_{ik}^{(3)})^2}, \quad i = 1, \dots, c, \quad k = 1, \dots, n, \qquad (6.48)$$

mit den Teilabständen

$$d_{ik}^y = \sqrt{(y_k - v_i^{(1,2)})^T \begin{pmatrix} a_{11} & a_{12} \\ a_{21} & a_{22} \end{pmatrix} (y_k - v_i^{(1,2)})}, \qquad (6.49)$$

$$d_{ik}^{(3)} = \sqrt{a_{33}} \cdot \left| \sum_{j_l = k} s_l - v_i^{(3)} \right| \qquad (6.50)$$

abstandsbasiert: Die Umsatzsummen werden vorab berechnet, so dass die Datenbank explizit alle benötigten Daten enthält. Die einzelnen Dateien der Datenbank bleiben jedoch getrennt. Die Zuordnung der Daten zueinander erfolgt anhand der Kundennummern.

1. Berechne Umsatzsummen nach (6.44)

2. Clusteranalyse mit dem Abstand

$$d_{ik} = \sqrt{(d_{ik}^y)^2 + (d_{ik}^{(3)})^2}, \quad i = 1, \dots, c, \quad k = 1, \dots, n, \qquad (6.51)$$

mit den Teilabständen

$$d_{ik}^y = \sqrt{(y_k - v_i^{(1,2)})^T \begin{pmatrix} a_{11} & a_{12} \\ a_{21} & a_{22} \end{pmatrix} (y_k - v_i^{(1,2)})}, \qquad (6.52)$$

$$d_{ik}^{(3)} = \sqrt{a_{33}} \cdot |x_k^{(3)} - v_i^{(3)}| \qquad (6.53)$$

Alle drei Varianten sind äquivalent, d.h. sie führen zum gleichen Ergebnis V. Sie unterscheiden sich jedoch deutlich im benötigten Speicher– und Rechenaufwand

	flache Datei	echt relational	abstandsbasiert
Speicher-aufwand	X: $3 \cdot n$ D: $c \cdot n$ V: $3 \cdot c$ Σ: $\overline{(c+3) \cdot n + 3 \cdot c}$	 D: $c \cdot n$ V: $3 \cdot c$ Σ: $\overline{c \cdot n + 3 \cdot c}$	$X^{(3)}$: n D: $c \cdot n$ V: $3 \cdot c$ Σ: $\overline{(c+1) \cdot n + 3 \cdot c}$
Rechen-aufwand	$o(1)$	$o(n_z)$	$o(1)$

Abbildung 6.18: Speicher– und Rechenaufwand der Clustermethoden für relationale Datenbanken

(Abbildung 6.18). Die flache Datei hat einen Speicherbedarf in der Größe von $3 \cdot n$ Einträgen, für die echt relationale Lösung wird kein zusätzlicher Speicher für Daten benötigt, und die abstandsbasierte Variante benötigt einen Speicher mit n Einträgen für die Summen der Umsätze. Darüber hinaus benötigen alle drei Methoden Speicher für die Abstandsmatrix mit $c \cdot n$ Elementen sowie für die Clusterzentren mit $3 \cdot c$ Komponenten. Den höchsten Speicherbedarf ergibt sich damit bei Erzeugung einer flachen Datei, während die echt relationale Variante den geringsten Speicherbedarf besitzt.

Für den Rechenaufwand ergibt sich ein anderes Bild: Maßgeblich ist hier der Rechenaufwand innerhalb der Clusterschleife, denn diese wird $c \cdot n \cdot t_{\max}$ mal durchlaufen. Bei Verwendung einer flachen Datei oder der abstandsbasierten Methode wird innerhalb der inneren Schleife lediglich der Abstand gemäß (6.46) bzw. (6.51)–(6.53) berechnet. Bei der echt relationalen Methoden wird dieser Abstand dagegen gemäß (6.48)–(6.50) bestimmt, wobei in (6.50) alle $l = 1, \ldots, n_z$ Zeilen der Matrix Z durchlaufen werden. Der Aufwand der inneren Schleife ist hier also $o(n_z)$, im Gegensatz zu einem konstanten Aufwand $o(1)$ bei den beiden anderen Methoden.

Die Erzeugung einer flachen Datei führt also zum größten Speicheraufwand, aber zu einem geringen Rechenaufwand. Die echt relationale Lösung besitzt den niedrigsten Speicheraufwand, aber einen hohen Rechenaufwand. Die abstandsbasierte Lösung ist ein Kompromiss zwischen den beiden anderen Methoden: Sie zeichnet sich durch einen mittleren Speicheraufwand und einen niedrigen Rechenaufwand aus.

Die Resultate der Clusteranalyse für dieses Beispiel mit alternierender Optimierung (Abbildung 5.14) des Fuzzy c–Means Modells (5.90), $c = 2$, $m = 2$, $t_{\max} = 100$, sind in Abbildung 6.19 dargestellt. Die drei Streudiagramme zeigen die Komponenten der Datenvektoren (Punkte) und die beiden gefundenen Clusterzentren (große schwarze Kreise). Die Clusterzentren liegen bei

$$V = \left\{ \begin{pmatrix} 27374 \\ 1954.1627 \\ 1122.44 \end{pmatrix}, \begin{pmatrix} 86356 \\ 1969.3478 \\ 1618.99 \end{pmatrix} \right\} \tag{6.54}$$

Jedes der beiden Clusterzentren spezifiziert eine bestimmte Klasse von Kunden. Eine dieser Kundenklassen ist im Norden Deutschlands angesiedelt, ist in den

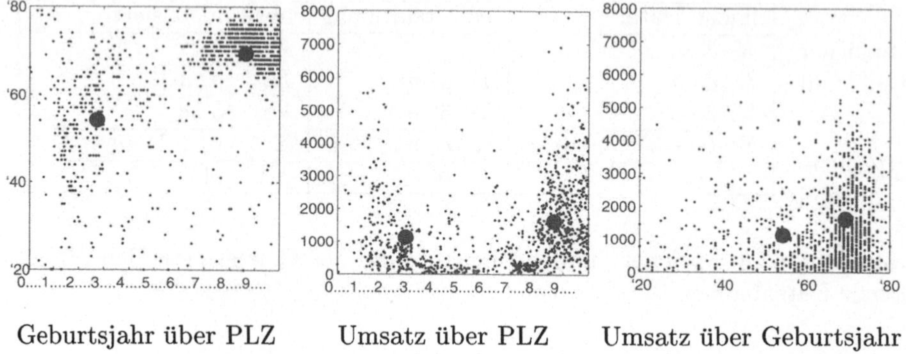

Geburtsjahr über PLZ   Umsatz über PLZ   Umsatz über Geburtsjahr

Abbildung 6.19: Marketingdaten und Clusterzentren der Kundensegmente

Fünfziger Jahren geboren und hat einen Waren im Wert von etwa 1100.00 DM
bestellt. Die andere Kundenklasse kommt aus den Süden, ist Ende der Sechzi-
ger Jahre geboren und hat für etwa 1600 DM bestellt. Auf diese Weise ist mit
Hilfe der Clusteranalyse eine Segmentierung der Kunden bzw. eine Konzeptbeschreibung („Welche Eigenschaften hat ein potenzieller Kunde?") durchgeführt
worden.

Dieses Resultat kann außerdem auch zur Klassifikation von Kunden benutzt
werden. Ein bestimmter Kunde lässt sich durch den Merkmalsvektor x mit den
Komponenten Postleitzahl, Geburtsjahr und Umsatzsumme beschreiben. Mit
den Clusterzentren aus (6.54) lassen sich die Zugehörigkeiten zu den beiden
Kundenklassen gemäß (5.92) berechnen. Die Zugehörigkeit $u_1(x)$ quantifiziert,
in wie weit der Kunde der ersten Kundenklasse angehört, und $u_2(x)$ quantifiziert, in wie weit er der zweiten Kundenklasse angehört. Um zu bestimmen, ob
der Kunde überhaupt zu einer der Kundenklassen gehört, kann das Maximum
aller Zugehörigkeiten gebildet werden.

$$u(x) = \min\{u_1(x), \ldots, u_c(x)\} \in (\frac{1}{c}, 1] \qquad (6.55)$$

Diese Zugehörigkeit $u(x)$ sollte über 0.5 liegen. Die Summe der Zugehörigkeiten
eignet sich nicht zur Untersuchung, ob ein Kunde ein potenzieller Kunde ist,
denn die Summe der Zugehörigkeiten beträgt immer eins (5.89).

Kapitel 7

Zusammenfassung

Ziel der Datenanalyse ist es, aus großen Datenmengen Wissen zu extrahieren, d.h. allgemein gültige, nicht triviale, neue, nützliche und verständliche Muster zu erkennen. Für diese Wissensextraktion wurde ein mehrstufiger Datenanalyse–Prozess dargestellt, an dem sich die Gliederung dieses Buches orientiert.

Zur Vorbereitung der Datenanalyse ist es notwendig, bereits bei der Planung und Durchführung der Datensammlung die Charakteristika der Daten, die Datendarstellung und mögliche Fehlerquellen zu beachten. Zunächst sollte geklärt werden, auf welchen Skalen die Daten gemessen werden, also ob sie nominal–, ordinal–, intervall– oder proportionalskaliert sind, denn davon hängt ab, welche mathematischen Operationen auf den Daten überhaupt erlaubt und sinnvoll sind. Wichtig für die Datendarstellung ist es, ob es sich um numerische oder nichtnumerische Objektdaten handelt. Numerische Objektdatenvektoren lassen sich zu Datenmatrizen zusammenfassen, die eine bequeme Darstellung und Handhabung ermöglichen, während sich nichtnumerische Objektdaten in Form von Relationsmatrizen der rechnergestützten Bearbeitung erschließen. Relationen spielen auch bei der Analyse von numerischen Objektdatensätzen eine große Rolle, denn die meisten Visualisierungs– und Mustererkennungsmethoden basieren auf Abstandsmaßen wie Matrixnormen (z.B. Euklid'sche, Diagonal– und Mahalanobis–Norm) oder Minkowsky–Normen. Textdaten, die besonders bei der Verarbeitung von Informationen aus dem Internet (Web–Mining) im Vordergrund stehen, lassen sich mit speziellen Abstandsmaßen wie dem Levenshtein–Abstand in geeignete relationale Darstellungen überführen und auf diese Weise numerisch weiterverarbeiten. Bei Daten, die durch Abtastung zeit– und wertkontinuierlicher Signale gewonnen wurden, müssen darüber hinaus Abtastungs– und Quantisierungsfehler berücksichtigt werden. Um die Information eines kontinuierlichen Signals vollständig in abgetasteten Daten zu erfassen, muss die Einhaltung der Nyquist–Bedingung sichergestellt und für eine hinreichend kleine (Wert–)Quantisierungsstufen gesorgt werden.

Ziel der Datenvorverarbeitung ist die Erkennung und Behandlung von fehlerhaften Daten sowie die einheitliche Datendarstellung. Bei der Fehlerbetrachtung wird zwischen zufälligen und systematischen Fehlern unterschieden. Zufälli-

ge Fehler, die durch additives Rauschen modelliert werden können, lassen sich
in vielen Datenanalyseaufgaben vernachlässigen. Ausreißer, Offsets, Drifteffekte
und andere systematische Fehler müssen dagegen vor der Datenanalyse geeignet behandelt werden. Die 2–Sigma–Regel klassifiziert Daten als Ausreißer, die
vom Mittelwert um mehr als das doppelte der Standardabweichung abweichen.
Bei dieser Methode ist zu beachten, dass auch fehlerfreie Exoten, die häufig
gerade die wichtigste Information in Datensätzen tragen, als Ausreißer klassifiziert werden können. Eine sicherere aber wesentlich weniger restriktive Methode
klassifiziert Daten als Aureißer, wenn sie außerhalb der zulässigen Wertebereiche
liegen. Nach der Erkennung können Ausreißer, eventuell nach zusätzlicher ma-
nueller Klassifikation, markiert, korrigiert oder entfernt werden. Zur Korrektur
eignet sich das Ersetzen des Ausreißers durch Maximal–, Minimal– oder Mittelwerte sowie durch Kombinationen der Werte der nächsten Nachbarn. Speziell
bei Zeitreihen (aber auch bei Bilddaten) lässt sich die Erkennung und Korrektur
von fehlerhaften Daten mit Filtermethoden erreichen. Mit gleitenden Mittelwerten lässt sich Rauschen gut herausfiltern, jedoch lassen sich Ausreißer besser mit
gleitenden Medianwerten entfernen. Das exponentielle Filter (dummer Mann)
hat einen geringen Rechenaufwand, beseitigt aber bei geringen Lernraten auch
wesentliche Signalinformationen. Ähnliches gilt für andere diskrete lineare Filter. Diskrete lineare Filter mit unendlicher Impulsantwort (IIR–Filter) wie z.B.
Butterworth–Filter haben den geringsten Rechenaufwand, allerdings muss hierbei besonders auf die Stabilität des Filters geachtet werden. Zur einheitlichen
Darstellung der Daten ist es notwendig, Datenkomponenten mit unterschiedlichen Wertebereichen zu standardisieren. Dies kann mit Hyperwürfeln oder
statistischen Maßen (Mittelwert, Standardabweichung) erfolgen. Außerdem ist
es oft zweckmäßig, Daten, die verteilt in unterschiedlichen Dateien gespeichert
sind, zu einem einzigen Datensatz zusammenzufassen (Data Warehousing).

Der dritte Schritt des Data–Mining–Prozesses ist die eigentliche Erkennung
von Merkmalen in den (vorverarbeiteten) Daten. Das beste bekannte Werkzeug
zur Erkennung von Mustern ist das menschliche Auge. Zur Merkmalserken-
nung werden daher Visualisierungsmethoden eingesetzt, die es dem menschli-
chen Entwickler oder Anwender ermöglichen, interessante Strukturen zu erkennen. Der Mensch kann nur maximal drei räumliche Dimensionen wahrnehmen,
und auf Papier oder Bildschirmen lassen sich nur zwei Dimensionen darstellen. Visualisierungsmethoden für höherdimensionale Daten sind daher Projektionsmethoden. Zu den einfachsten Projektionsmethoden gehören achsenparallele Projektionen in Form von Diagrammen und Streudiagrammen. Liegen die
Hauptachsen der Datenstrukturen nicht parallel zu den Koordinatenachsen, so
liefert die Hauptachsentransformation (auch Hauptkomponentenanalyse, Principal Component Analysis, Singulärwertzerlegung, Singular Value Decomposition, Karhunen–Loeve Transformation oder Eigenvektorprojektion genannt)
eine geeignete Koordinatentransformation (Rotation und Translation), die zu
einer Varianzmaximierung führt. Komplexe, hochdimensionale Strukturen lassen sich mit solchen linearen Projektionsmethoden oft nur schwierig erkennen.
Eine nichtlineare Projektionsmethode ist die mehrdimensionale Skalierung, die
den absoluten, relativen oder Sammon–Fehler zwischen den Abstandsmatrizen

in Urbild– und Bildraum (z.B. durch Gradientenabstieg) minimiert. Eng mit der mehrdimensionalen Skalierung verwandt ist die Shepard–Methode, bei der versucht wird, die gleiche Ordnung der Abstände in Urbild– und Bildraum zu erreichen. Eine weitere nichtlineare Projektionsmethode liefert die selbstorganisierende Karte, deren Knoten Koordinaten sowohl im Urbild– als auch im Bildraum besitzen. Während des (Wettbewerbs–)Lernens werden die Bildraumkoordinaten derjenigen Knoten am meisten verändert, deren Urbildkoordinaten sich am nächsten an dem jeweiligen Datenvektor befinden. Mit einem mehrschichtigen Perzeptron, das generell ein universeller Funktionsapproximator ist, lässt sich ebenfalls eine nichtlineare Projektion erreichen. Hierzu werden die Urbilddaten zum Training gleichzeitig sowohl an die Eingangsschicht als auch an die Ausgangsschicht angelegt und versucht, die Information durch nur wenige Neuronen in der verdeckten Schicht hindurchzupropagieren (Autoassoziator). Dadurch wird in der linken Hälfte des neuronalen Netzes eine Transformation von den hochdimensionalen Urbilddaten auf die niedrigdimensionalen Daten in der verdeckten Schicht so gelernt, dass sich mit der rechten Hälfte des neuronalen Netzes eine Rekonstruktion der hochdimensionalen Daten mit minimalem quadratischen Fehler erreichen lässt. Welche dieser nichtlinearen Projektionsmethoden die besten Ergebnisse liefert muss von Fall zu Fall nach Datenlage entschieden werden. Neben den Projektionen liefert die Spektralanalyse eine weitere Möglichkeit der Datenvisualisierung. Insbesondere für Zeitreihendaten lassen sich aus den Betrags– und Phasenspektren oft wesentliche Strukturelemente der Daten erkennen.

Neben der Mustererkennung durch Visualisierung existieren zahlreiche Verfahren der maschinellen Mustererkennung. Zu den wichtigsten statistischen Methoden der Datenanalyse gehören die Korrelations– und Regressionsanalyse. Mit Kovarianzen und Korrelationen wird der (lineare) Zusammenhang zwischen Daten quantifiziert. Gruppen von zusammengehörigen Datenkomponenten lassen sich durch in Form von Korrelationsclustern bestimmen. Die gefundenen Ergebnisse sollten auf Scheinkorrelationen hin überprüft werden, z.B. mit Hilfe von partiellen Korrelationskoeffizienten. Die Regressionsanalyse bestimmt eine Schätzung für den (linearen) funktionalen Zusammenhang zwischen Datenkomponenten durch Minimierung des quadratischen Approximationsfehlers und ist damit eine Methode der Funktionsapproximation. Durch Substitution lässt sich die Regressionsanalyse auch auf bestimmte nichtlineare Funktionen erweitern. Mit allgemeinen nichtlinearen Funktionsapproximatoren lassen sich auch nichtlineare Korrelationen zwischen Datenkomponenten bestimmen. Hierzu wird ein Teil des Datensatzes zum Training und der Rest zur Validierung des Approximators verwendet. Die Auswahl von Trainings– und Validierungsmengen kann mit Leave–One–Out, Cross–Validierung oder Leave–m–Out erfolgen. Der Validierungsfehler ist ein Maß für den (nichtlinearen) Zusammenhang zwischen den betrachteten Datenkomponenten.

Sind die Daten bestimmten Klassen zugeordnet, so können aus dem Datensatz typische Vertreter der einzelnen Klassen (Referenzvektoren, Prototypen) mit Hilfe der lernenden Vektorquantisierung (LVQ) oder des Q*–Algorithmus' gefunden werden. Beide Algorithmen benutzen Prototypen, die durch Wettbewerbslernen adaptiert werden. LVQ bestimmt je einen Prototypen pro Klasse, Q^* bestimmt pro Klasse eine Menge von Prototypen. Solche Prototypen eignen sich zum einen zur Analyse der Daten in den einzelnen Klassen, zum anderen aber auch zum Aufbau von Klassifikatoren, die unbekannte Vektoren einer der Klassen zuordnen, z.B. der Klasse des nächsten Nachbarn (Nächster–Nachbar–Klassifikator). Entscheidungsbäume sind Klassifikatoren mit hierarchischer Struktur, die an jeder Verzweigung nur ein einziges Merkmal zur Klassenunterteilung verwenden. Die optimalen Verzweigungsbedingungen können auf der Basis von Daten durch Maximierung des Informationsgewinns (Entropie) bestimmt werden. Für diskrete Daten dient hierzu der ID3–Algorithmus, für kontinuierliche Daten CART (Classification and Regression Tree) oder C4.5.

Sind die Klasseninformationen nicht in den Daten enthalten, so können diese mit Hilfe von Clusterverfahren geschätzt werden. Ein (gutes) Cluster ist eine Menge von Punkten, die nahe zusammen liegen und von anderen Clustern deutlich getrennt sind. Die sequenzielle agglomerative hierarchische nichtüberlappende (SAHN) Clusteranalyse definiert zunächst jeden einzelnen Punkt als Cluster und fasst dann sukzessive Clusterpaare mit dem geringsten Minimal–, Maximal– oder mittleren Abstand zusammen. Sequenzielle divisive hierarchische nichtüberlappende (SDHN) Clusteranalyse beginnt mit einem einzigen Cluster, das sukzessive geteilt wird. Während SAHN und SDHN lediglich Partitionen bestimmen, liefert das c–Means (CM) Modell zu jedem Cluster zusätzlich einen Prototypen (Clusterzentrum). Hierzu wird die Summe der quadratischen Abstände zwischen allen Punkten und den zugehörigen Clusterzentren minimiert, meist durch alternierende Optimierung (AO), bei der abwechselnd Partitionen und Prototypen (z.B. mit Hilfe der notwendigen Bedingungen für Extrema der Kostenfunktion) neu bestimmt werden. Unscharfe Cluster zeichnen sich dadurch aus, dass jeder Datenpunkt zu gewissen Graden zu mehreren Clustern gehören kann. Sie lassen sich z.B. durch das Fuzzy c–Means (FCM) Modell bestimmen, das die Summe der mit den Zugehörigkeiten gewichteten quadratischen Abstände zwischen Punkten und Zentren minimiert. Die Form der mit AO bestimmten Zugehörigkeitsfunktionen ist durch das Clustermodell festgelegt; beliebige Formen lassen sich dagegen mit alternierender Clusterschätzung (alternating cluster estimation, ACE) erzeugen, bei der Zugehörigkeits– und Prototypfunktionen vom Benutzer frei gewählt werden können. Prototypenbasierte Clustermodelle lassen sich leicht von Punktprototypen zu Prototypen höherer Ordnung erweitern. Durch Verwendung einer Variante des Mahalanobis–Abstands können für die einzelnen Cluster ellipsoide Prototypen gefunden werden (Gustafson–Kessel–Modell). Mit anderen Abstandsmaßen lassen sich auch Linien, (Hyper–)Ebenen oder Kreise in Daten finden. Ob in einem Datensatz überhaupt Cluster enthalten sind, lässt sich mit dem Hopkins–Index bestimmen. Die Güte der gefundenen Cluster lässt sich mit Validitätsmaßen (wie Partitionskoeffizient, Klassifikationsentropie oder Proportionsexponent) quantifizieren. Neben der alternierenden Optimierung eignen sich auch Multiagentensysteme zur Minimierung von Clustermodellen. Allgemein können Strukturen in Daten gefunden werden, indem jeder Struktur ein oder mehrere Agenten zugeordnet werden, die im Laufe des Datenanalyseprozesses miteinander in Wettbewerb treten. Auch für unklassifizierte Daten lassen sich mit Hilfe von Clustermodellen Entscheidungsbäume erzeugen, die die Struktur der Daten widerspiegeln. Im Gegensatz zu ID3 oder CART werden die optimalen eindimensionalen Partitionen an jeder Verzweigung des Entsscheidungsbaums nicht aufgrund von Entropiemaximierung, sondern durch Maximierung bzw. Minimierung von Validitätsmaßen bestimmt. Die in Daten gefundenen Cluster lassen sich nicht nur in Form der Partitionen oder Prototypen interpretieren, sondern mit Hilfe von Projektionsmethoden auch in Wenn–Dann–Regeln (Mamdani–Assilian, Sugeno–Yasukawa oder Takagi–Sugeno) konvertieren, die für den Menschen besonders leicht verständlich sind. Weitere bekannte Clustermethoden basieren auf radialen Basisfunktionen oder Wettbewerbslernen (z.B. „neuronales Gas"). Neuronale Netzwerke mit radialen Basisfunktionen entsprechen Sugeno–Yasukawa–Systemen mit gaußförmigen Zugehörigkeitsfunktionen, die z.B. mit Gradientenabstiegsverfahren trainiert werden. Das neuronale Gas und andere Methoden der Clusteranalyse mit Wettbewerbslernen arbeiten wie die selbstorganisierende Karte, LVQ, Q^* oder Multiagentensysteme mit Prototypen, die in Abhängigkeit vom Abstand zu den Datenvektoren aktualisiert werden. Nicht nur in numerischen Objektdaten, sondern auch in relationalen Daten lassen sich Cluster bestimmen. Hierzu dient die relationale alternierende Clusterschätzung (RACE), die sich z.B. zur automatischen Stichwortextraktion aus Texten (Text–Mining) eignet.

Die Nachbereitung des Datenanalyse–Prozesses umfasst die Interpretation, Dokumentation und Auswertung der Analyseergebnisse. Da diese Schritte anwendungsspezifisch sehr unterschiedlich ablaufen, ist ihnen kein eigenes Kapitel gewidmet, sondern sie sind beispielhaft im Rahmen der Anwendungen dargestellt. In der Prozesstechnik können Datenanalysemethoden genutzt werden, um die für die Produktqualität relevanten Prozessparameter zu finden, die Art des Zusammenhangs zu bestimmen und entsprechende Prozessmodelle aufzubauen. In vernetzten Systemen wie dem Straßenverkehr kann Datenanalyse zur Klassifikation und Prognose von Verkehrsströmen eingesetzt werden. Die Hauptaufgaben der Analyse von Bilddaten liegen in der Bildverbesserung, Kantendetektion, Bildsegmentierung, Objekterkennung und im Bildverständnis. Die Analyse von Marketingdaten umfasst die Segmentierung, Klassifikation, Konzeptbeschreibung, Vorhersage, Abweichungs- und Abhängigkeitsanalyse.

Übungsaufgaben

1. Was sind die Schritte des Datenanalyse–Prozesses?

2. Was unterscheidet nominal–, ordinal–, intervall– und proportionalskalierte Daten?

3. Ist die Abbildung $f : \mathbb{R}^p \times \mathbb{R}^p \to \mathbb{R}^+$ mit

$$f(x,y) = \min_{j=1,\ldots,p} \left\{ \left| x^{(j)} - y^{(j)} \right| \right\}. \tag{7.1}$$

   eine Norm?

4. Bestimmen Sie

   (a) den Zeichenabstand zwischen 'a' und 'A'

   (b) den Hamming–Abstand zwischen 'Prüfung' und 'Student'

   (c) den Levenshtein–Abstand zwischen 'Eis' und 'As'

5. Welche Bedingung muss gelten, damit aus einem abgetasteten Signal das kontiniuierliche Originalsignal rekonstruiert werden kann?

6. Was ist der Unterschied zwischen Abtastung und Quantisierung?

7. Was versteht man unter einem Ausreißer?

8. Bestimmen Sie die Ausreißer in den Datensätzen

$$
\begin{aligned}
X_1 &= \{1,1,1,1,-10,2,2,2,2\} & \tag{7.2}\\
X_2 &= \{1,2,3,4,5,6,7,6,5,4,-3,2,1\} & \tag{7.3}\\
X_3 &= \{(1,1),(1,2),(1,3),(3,3),(1,1),(1,2)\} & \tag{7.4}
\end{aligned}
$$

   Wie gehen Sie dabei vor? Wie behandeln Sie anschließend die Ausreißer?

9. Welche Methoden kennen Sie zum Filtern von Zeitreihen?

10. Wie unterscheiden sich der gleitende Mittelwert und der gleitende Median bezüglich der Beseitigung von Rauschen bzw. Ausreißern?

11. Was ist der Unterschied zwischen FIR– und IIR–Filtern?

12. Was ist ein Butterworth–Filter?

13. Standardisieren Sie den Datensatz

$$X_4 = \left\{ \begin{pmatrix} -1 \\ 4816 \end{pmatrix}, \begin{pmatrix} 1 \\ 4818 \end{pmatrix} \right\} \tag{7.5}$$

14. Wie können verteilt gespeicherte Daten zu einem einzigen Datensatz zusammengefasst werden?

15. Wie kann man hochdimensionale Daten auf niedrigdimensionale Daten projizieren?

16. Welche geometrischen Transformationen werden bei der Hauptachsentransformation durchgeführt?

17. Welche Größe wird bei der Hauptachsentransformation optimiert?

18. Welche Optimierungsmethode wird bei der Hauptachsentransformation eingesetzt?

19. Wie lässt sich der Fehler der Hauptachsentransformation abschätzen?

20. Wie lässt sich eine sinnvolle Projektionsdimension für die Hauptachsentransformation bestimmen?

21. Welche Größe wird bei der mehrdimensionalen Skalierung optimiert?

22. Welche Optimierungsmethode wird bei der mehrdimensionalen Skalierung eingesetzt?

23. Wie sieht eine selbstorganisierende Karte aus?

24. Wie wird eine selbstorganisierende Karte trainiert?

25. Wie können die Inhalte einer trainierten selbstorganisierenden Karte visualisiert werden?

26. Skizzieren Sie ein mehrschichtiges Perzeptron und benennen Sie die einzelnen Komponenten!

27. Wie berechnet sich der Neuronenausgang beim mehrschichtigen Perzeptron?

28. Wie wird ein mehrschichtiges Perzeptron trainiert?

29. Wie kann ein mehrschichtiges Perzeptron zur Dimensionsreduktion eingesetzt werden?

30. Skizzieren Sie die Betrags– und Phasenspektren der Funktionen

$$f_1(x) \;=\; \cos(0.001 \cdot x) \tag{7.6}$$
$$f_2(x) \;=\; \cos(0.001 \cdot x) + 0.5 \cdot \cos(0.002 \cdot x - 1) \tag{7.7}$$
$$f_3(x) \;=\; \sin(0.001 \cdot x) + 0.5 \cdot \sin(0.002 \cdot x - 1) \tag{7.8}$$

für $\omega T = 10^{-4}$!

31. Was ist der Unterschied zwischen Kovarianzen c_{ij} und Korrelationen $s_{ij} = \frac{c_{ij}}{s^{(i)} s^{(j)}}$?

32. Erläutern Sie den Begriff „Scheinkorrelation"!

33. Erläutern Sie den Unterschied zwischen Korrelation und Regression!

34. Was versteht man unter der Optimierung mit getrimmten quadratischen Fehlern *(least trimmed squares)*?

35. Wie können nichtlineare Modelle durch Regression gefunden werden?

36. Erläutern Sie den Unterschied zwischen Modellierung und Validierung!

37. Was versteht man unter Spezialisierung *(overfitting)*?

38. Welche Teilmengen des Datensatzes werden bei den folgenden Methoden zur Modellierung und welche zur Validierung verwendet?

   - Leave–One–Out
   - m–fache Cross–Validierung
   - Leave–m–Out

39. Gegeben sei ein Nächste–k–Nachbarn–Klassifikator mit den Prototypvektoren

$$v_{11} = \begin{pmatrix} 1 \\ 1 \end{pmatrix}, \; v_{12} = \begin{pmatrix} 2 \\ -1 \end{pmatrix}, \; v_{21} = \begin{pmatrix} -1 \\ 2 \end{pmatrix}, \; v_{22} = \begin{pmatrix} -1 \\ -1 \end{pmatrix}, \tag{7.9}$$

v_{11} und v_{12} für Klasse 1 und v_{21} und v_{22} für Klasse 2. Wie wird der Vektor $x = \begin{pmatrix} 0 \\ 1 \end{pmatrix}$ klassifiziert für $k = 1$ bzw. $k = 3$?

40. Was versteht man unter Wettbewerbslernen?

41. Was ist der Unterschied zwischen lernender Vektorquantisierung und dem Q*–Algorithmus?

42. Skizzieren Sie die beiden strukturell verschiedenen Entscheidungsbäume zur Klassifikation von Transportmitteln in „Fahrrad", „Motorrad", „Auto" und „Rollschuh" aufgrund der Merkmale „Anzahl der Räder" und „Motor (ja/nein)"! Welcher der beiden Entscheidungsbäume ist informationstheoretisch optimal, wenn der Datensatz ein Fahrrad, zwei Motorräder, drei Autos und vier Rollschuhe enthält?

43. Was unterscheidet den ID3–Algorithmus von CART, CHAID, C4.5 und See5 / C5.0?

44. Gegeben sei der Datensatz $X = \{10, 1, 5, 16, 12, 4\}$.

   (a) Skizzieren Sie das Dendogramm, das der SAHN–Algorithmus mit Minimalabstand *(single linkage)* bestimmt!

   (b) Wie lautet die entsprechende Partitionsmatrix für $c = 2$ Cluster?

   (c) Welche Clusterzentren findet alternierende Optimierung des c–Means Modells bei Initialisierung mit dieser Partitionsmatrix?

   (d) Skizzieren Sie qualitativ die Zugehörigkeitsfunktionen, die mit Optimierung des FCM–Modells für $c = 2$ Cluster gefunden würden!

45. Mit welchem Abstandsmaß könnten mit einem FC*–Modell (geschlossene) Ellipsenbögen in Daten erkannt werden?

46. Wie lässt sich feststellen, ob und wieviele Cluster in einem Datensatz enthalten sind? Was bedeutet es, wenn ein Datensatz nur ein einziges Cluster enthält?

47. Wie können verteilte Agentensysteme zur Datenanalyse verwendet werden?

48. Wie lassen sich Entscheidungsbäume auch mit unklassifizierten Daten aufbauen?

49. Transformieren Sie die Klassifikatoren aus Aufgabe 44 in regelbasierte Systeme!

50. Wie lautet eine Mamdani–Assilian–Regel, wie eine Sugeno–Yasukawa–Regel und wie eine Takagi–Sugeno–Regel?

51. Skizzieren Sie ein neuronales Netzwerk mit radialen Basisfunktionen! Auf welche Weise können die radialen Basisfunktionen bestimmt werden? Wie können die Netzgewichte bestimmt werden?

52. Zu welcher Klasse von Lernverfahren gehört das neuronale Gas?

53. Wie lassen sich Cluster in nichtnumerischen Daten (z.B. Text) finden? Wie können die gefundenen Clusterzentren interpretiert werden?

54. Welches Problem tritt bei der Interpolation mit (normalisierten) Takagi–Sugeno–Modellen mit linearen Konklusionsfunktionen auf? Wie kann dieses Problem gelöst werden?

55. Wie können in die Clusteranalyse unterschiedliche Prototypen und Randbedingungen integriert werden?

56. Welche Möglichkeiten gibt es, Cluster in Daten aus einer relationalen Datenbank zu finden? Wie unterscheiden sich diese Methoden bezüglich Speicher- und Rechenaufwand?

Symbolverzeichnis

$\forall x \in X$	für jedes x aus X
$\exists x \notin X$	es existiert ein x nicht aus X so, dass
$\Rightarrow$	wenn..., dann
$\Leftrightarrow$	genau dann, wenn
$\int_a^b f\,dx$	bestimmtes Integral über f von $x = a$ bis $x = b$
$\frac{\partial f}{\partial x}$	Differenzialquotient von f nach x
$\wedge$	Konjunktion
$\vee$	Disjunktion
$\cap$	Durchschnitt
$\cup$	Vereinigung
$\neg$	Komplement
$\setminus$	Mengendifferenz
$\subset, \subseteq$	Inklusion
$\times$	kartesisches Produkt, Vektorprodukt
$\{\}$	leere Menge
$\mathbb{R}$	Menge der reellen Zahlen
$\mathbb{R}^+$	Menge der positiven reellen Zahlen
$[x, y]$	abgeschlossenes Intervall von x bis y
$(x, y], [x, y)$	halboffene Intervalle von x bis y
(x, y)	offenes Intervall von x bis y
$\lvert x \rvert$	Absolutbetrag des Skalars x
$\lVert x \rVert$	Betrag (Norm) des Vektors x
$\lVert X \rVert$	Kardinalität der Menge X
$\lfloor x \rfloor$	kleinste ganze Zahl $a \geq x$
$\lceil x \rceil$	größte ganze Zahl $a \leq x$
$\binom{n}{m}$	Vektor mit den Komponenten n und m, Binomialkoeffizient
∞	unendlich
$a \ll b$	a ist vernachlässigbar klein gegenüber b
$a \gg b$	b ist vernachlässigbar klein gegenüber a

$\alpha(t)$	zeitlich veränderliche Lernrate
$\operatorname{argmin} X$	Index des Minimums von X
$\operatorname{argmax} X$	Index des Maximums von X
$\arctan x$	Arcus Tangens von x
$\operatorname{artanh} x$	Area Tangens Hyperbolicus von x
c_{ij}	Kovarianz zwischen den Merkmalen i und j
$CE(U)$	Klassifikationsentropie von U
$\operatorname{cov} X$	Kovarianzmatrix der Menge X
$d(a,b)$	Abstand zwischen a und b
δ	Deltawert für (generalisierte) Delta–Regel
$\operatorname{eig} X$	Eigenvektoren bzw. Eigenwerte der Matrix X
F_c	Fouriercosinustransformierte
F_s	Fouriersinustransformierte
$h(X)$	Hopkins–Index von X
$H(a,b)$	Hamming–Abstand zwischen a und b
$H(X)$	minimaler Hyperwürfel oder Entropie von X
$H(X \mid b)$	Entropie von X unter der Bedingung b
$\inf X$	Infimum von X
λ	Eigenwert, Lagrange–Variable
$L(a,b)$	Levenshtein–Abstand zwischen a und b
$\lim_{x \to g}$	Grenzwert für x gegen g
$\log_b(x)$	Logarithmus von x zur Basis b
$\max X$	Maximum von X
$\min X$	Minimum von X
$a \bmod b$	a Modulo b ($a \bmod a = 0$ für alle ganzzahligen Werte a)
$N(\mu, \sigma)$	Normalverteilung mit Mittelwert μ und Standardabweichung σ
NaN	undefinierter Wert *(not a number)*
$PC(U)$	Partitionskoeffizient von U
$PE(U)$	Proportionsexponent von U
r	Radius
R_i	Regel Nummer i
s	Standardabweichung
s_{ij}	Korrelation zwischen den Merkmalen i und j
$\sup X$	Supremum von X
$\tanh x$	Tangens Hyperbolicus von x
u_{ik}	Zugehörigkeit des k–ten Vektors zum i–ten Cluster
X	Menge oder Matrix X
$\bar{x}$	Mittelwert von X
X^T, x^T	Transponierte der Matrix X oder des Vektors x
x_k	k–ter Vektor aus X
$x^{(i)}$	i–te Komponente aus X
$x_k^{(i)}$	i–te Komponente des k–ten Vektors aus X
x	Skalar oder Vektor x
$x(t)$	Zeitsignal
$x(j2\pi f)$	Spektrum
$z(a,b)$	Zeichenabstand zwischen a und b

Literaturverzeichnis

[1] S. Ahmad, V. Tresp. Some solutions to the missing feature problem in vision. In S. J. Hanson, J. D. Cowan, C. L. Giles (Hrsg.) *Advances in Neural Information Processing Systems*, Band 5, Seite 393–400, 1993.

[2] W. B. Arthur. Inductive reasoning and bounded rationality. *American Economic Review*, 84(2):406–411, 1994.

[3] G. P. Babu, M. N. Murty. Clustering with evolutionary strategies. *Pattern Recognition*, 27(2):321–329, 1994.

[4] R. Babuška, C. Fantuzzi, U. Kaymak, H. B. Verbruggen. Improved inference for Takagi–Sugeno models. In *IEEE International Conference on Fuzzy Systems*, Band 1, Seite 701–706, New Orleans, September 1996.

[5] G. H. Ball, D. J. Hall. Isodata, an iterative method of multivariate analysis and pattern classification. In *IFIPS Congress*, 1965.

[6] H. Bandemer, W. Näther. *Fuzzy Data Analysis*. Kluwer Academic Publishers, Dordrecht, 1992.

[7] B. A. Barsky, D. P. Greenberg. Determining a set of B–spline control vertices to generate an interpolating surface. *Computer Graphics and Image Processing*, 14(3):203–226, November 1980.

[8] M. Berry, G. Linoff. *Data Mining Techniques: For Marketing, Sales, and Customer Support*. Wiley, New York, 1997.

[9] H. Bersini, G. Bontempi, M. Birattari. Is readability compatible with accuracy? From neuro–fuzzy to lazy learning. In W. Brauer (Hrsg.) *Fuzzy–Neuro–Systems '98, München*, Band 7 der *Proceedings in Artificial Intelligence*, Seite 10–25, März 1998.

[10] M. Berthold and D. J. Hand. *Intelligent Data Analysis: An Introduction*. Springer, New York, 1999.

[11] J. C. Bezdek. *Pattern Recognition with Fuzzy Objective Function Algorithms*. Plenum Press, New York, 1981.

[12] J. C. Bezdek. A review of probabilistic, fuzzy, and neural models for pattern recognition. *Journal of Intelligent and Fuzzy Systems*, 1(1):1–26, 1993.

[13] J. C. Bezdek. Pattern analysis. In E. Ruspini, P. Bonissone, W. Pedrycz (Hrsg.) *Handbook of Fuzzy Computation*, Kapitel F6. Oxford University Press, London, 1998.

[14] J. C. Bezdek, C. Coray, R. Gunderson, J. Watson. Detection and characterization of cluster substructure, I. Linear structure: Fuzzy c–lines. *SIAM Journal on Applied Mathematics*, 40(2):339–357, April 1981.

[15] J. C. Bezdek, C. Coray, R. Gunderson, J. Watson. Detection and characterization of cluster substructure, II. Fuzzy c–varieties and convex combinations thereof. *SIAM Journal on Applied Mathematics*, 40(2):358–372, April 1981.

[16] J. C. Bezdek, L. O. Hall, M. Clark, D. Goldgof, L. P. Clarke. Segmenting medical images with fuzzy models: an update. In R. Yager, D. Dubois, H. Prade (Hrsg.) *Fuzzy Set Methods in Information Engineering: A Guided Tour of Applications*. Wiley, New York, 1996.

[17] J. C. Bezdek, R. J. Hathaway, N. R. Pal. Norm induced shell prototype (NISP) clustering. *Neural, Parallel and Scientific Computation*, 3:431–450, 1995.

[18] J. C. Bezdek, J. M. Keller, R. Krishnapuram, N. R. Pal. *Fuzzy Models and Algorithms for Pattern Recognition and Image Processing*. Kluwer, Norwell, 1999.

[19] W. Bibel, S. Hölldobler, T. Schaub. *Wissensrepräsentation und Inferenz*. Vieweg, Brauschweig, 1993.

[20] L. Breiman, J. H. Friedman, R. A. Olsen, C. J. Stone. *Classification and Regression Trees*. Chapman & Hall, New Work, 1984.

[21] H. H. Bothe. *Fuzzy Logic. Einführung in Theorie und Anwendungen*. Springer, Berlin, 1995.

[22] J. L. Casti. *Alternative realities: mathematical models of nature and man*. Wiley, New York, 1989.

[23] J. L. Casti. Seeing the light at El Farol: A look at the most important problem in complex systems theory. *Complexity*, 1(5):7–10, 1996.

[24] E. Charniak, D. McDermott. *Introduction to Artificial Intelligence*. Addison-Wesley, 1985.

[25] T. Chen. The past, present and future of image and multidimensional image processing. *IEEE Signal Processing Magazine*, 15(2):21–58, März 1998.

[26] E. F. Codd. A relational model of data for large shared data banks. *Communications of the ACM*, 13(6):377–387, 1970.

[27] R. N. Davé. Fuzzy shell clustering and application to circle detection in digital images. *International Journal on General Systems*, 16:343–355, 1990.

[28] R. N. Davé, K. Bhaswan. Adaptive fuzzy c–shells clustering and detection of ellipses. *IEEE Transactions on Neural Networks*, 3:643–662, 1992.

[29] A. P. Dempster, N. M. Laird, D. B. Rubin. Maximum likelihood from incomplete data via the EM algorithm. *Journal of the Royal Statistical Society B*, 39:1–38, 1977.

[30] D. Driankov, H. Hellendoorn, M. Reinfrank. *An Introduction to Fuzzy Control*. Springer, Berlin, 1993.

[31] D. Dubois, H. Prade. *Possibility Theory*. Plenum Press, New York, 1988.

[32] R. O. Duda, P. E. Hart. *Pattern Classification and Scene Analysis*. Wiley, New York, 1974.

[33] U. M. Fayyad, G. Piatetsky-Shapiro, P. Smyth, R. Uthurusamy. *Advances in Knowledge Discovery and Data Mining*. AAAI Press, Menlo Park, 1996.

[34] W. Felsch, W. Kilpper, W. Wernisch. *Papiermacher–Taschenbuch*. Curt Haefner Verlag, Heidelberg, 5. Auflage, 1989.

[35] B. Fritzke. Growing cell structures - A self-organizing network for unsupervised and supervised learning. *Neural Networks*, 7(9):1441–1460, 1994.

[36] B. Fritzke. A growing neural gas network learns topologies. In G. Tesauro, D. S. Touretzky, T. K. Leen (Hrsg.) *Advances in Neural Information Processing Systems*, Band 7, Seite 625–632. MIT Press, Cambridge, 1995.

[37] I. Gath, D. Hoory. Fuzzy clustering of elliptic ring–shaped clusters. *Pattern Recognition Letters*, 16:727–741, 1995.

[38] H. Genther, M. Glesner. Automatic generation of a fuzzy classification system using fuzzy clustering methods. In *ACM Symposium on Applied Computing (SAC'94), Phoenix*, Seite 180–183, New York, März 1994. ACM Press.

[39] B. Gibis, R. Busse, E. Reese. *Das Mammografie–Screening als Verfahren der Brustkrebsfrüherkennung*. Nomos, Baden–Baden, 1998.

[40] J. A. Goguen. The logic of inexact concepts. *Synthese*, 19:325–373, 1969.

[41] D. E. Goldberg. *Genetic Algorithms in Search, Optimization, and Machine Learning*. Addison-Wesley, 1989.

[42] S. Gottwald. *Fuzzy Sets and Fuzzy Logic, Foundations of Application — from a Mathematical Point of View.* Vieweg, Wiesbaden, 1992.

[43] H. Großmann, E. Hanecker, G. Schulze. Flotation von Altpapierstoff im Zentrifugalfeld. *Wochenblatt für Papierfabrikation*, 3:94–100, 1997.

[44] E. E. Gustafson, W. C. Kessel. Fuzzy clustering with a covariance matrix. In *IEEE Conference on Decision and Control, San Diego*, Seite 761–766, 1979.

[45] S. K. Halgamuge, W. Pöchmüller, M. Glesner. An alternative approach for generation of membership functions and fuzzy rules based on radial and cubic basis function networks. *International Journal of Approximate Reasoning*, 12(3/4):279–298, 1995.

[46] R. W. Hamming. Error detecting and error correcting codes. *The Bell System Technical Journal*, 26(2):147–160, April 1950.

[47] J. Hartung. *Statistik.* Oldenbourg, München, 1998. 11. Auflage.

[48] J. Hartung, B. Elpelt. *Multivariate Statistik.* Oldenbourg, München, 1995. 5. Auflage.

[49] R. J. Hathaway, J. C. Bezdek. Optimization of clustering criteria by reformulation. *IEEE Transactions on Fuzzy Systems*, 3(2):241–245, Mai 1995.

[50] R. Hecht-Nielsen. *Neurocomputing.* Addison-Wesley, 1990.

[51] H. Hellendoorn. Fuzzy logic and fuzzy control. In *IEEE Symposium Delft*, Seite 57–82, Delft, Oktober 1991.

[52] H. Hellendoorn, R. Baudrexl. Fuzzy neural traffic control and forecasting. In *IEEE International Conference on Fuzzy Systems*, Yokohama, 1995.

[53] S. H. Heywang-Köbrunner, I. Schreer. *Bildgebende Mammadiagnostik.* Thieme, Stuttgart, 1996.

[54] J. Hollatz, M. Appl. Anwendung von Fuzzy–Systemen zur Prozeßoptimierung. In R. Seising (Hrsg.) *Fuzzy Theorie und Stochastik — Modelle und Anwendungen in der Diskussion*, Computational Intelligence, Kapitel 18, Seite 387–412. Vieweg, Wiesbaden, 1999.

[55] J. Hollatz, T. A. Runkler. Datenanalyse und Regelerzeugung mit Fuzzy–Clustering. In H. Hellendoorn, J. Adamy, E. Prehn, H. Wegmann, and E. Linzenkirchner (Hrsg.) *Fuzzy–Systeme in Theorie und Anwendungen*, Kapitel V.6. Siemens AG, Nürnberg, 1997.

[56] F. Höppner, F. Klawonn, R. Kruse, T. Runkler. *Fuzzy Cluster Analysis — Methods for Image Recognition, Classification, and Data Analysis.* Wiley, 1999.

[57] P. J. Huber. *Robust Statistics.* Wiley, New York, 1981.

[58] A. K. Jain, R. C. Dubes. *Algorithms for Clustering Data.* Prentice Hall, Englewood Cliffs, 1988.

[59] I. Jossa. A short note about tthe application of self–organizing neural networks to clustering. In *European Congress on Intelligent Techniques and Soft Computing*, Band 2, Seite 1195–1199, Aachen, September 1998.

[60] M. S. Kamel, S. Z. Selim. A thresholded fuzzy c–means algorithm for semi–fuzzy clustering. *Pattern Recognition*, 24(9):825–833, 1991.

[61] G. V. Kass. Significance testing in automatic interaction detection (AID). *Applied Statistics*, 24:178–189, 1975.

[62] H. Keller, H. Hampe. Verkehrsablauf bei Richtgeschwindigkeit 130 km/h auf neuen Bundesautobahnabschnitten. *Straßenverkehrstechnik*, Seite 148–150 und 201–208, 1981.

[63] J. M. Keller, R. M. Crownover, R. Y. Chen. Characteristics of natural scenes related to the fractal dimension. *IEEE Transactions on Pattern Analysis and Machine Intelligence*, PAMI-9(5):621–627, 1987.

[64] W. E. Kelly, J. H. Painter. Hypertrapezoidal membership functions. In *IEEE International Conference on Fuzzy Systems*, Band 2, Seite 1279–1290, New Orleans, September 1996.

[65] F. Klawonn, R. Kruse. Constructing a fuzzy controller from data. *Fuzzy Sets and Systems*, 85(1), 1997.

[66] P. Kleinschmidt, C. Rank. *Relationale Datenbanksysteme. Eine praktische Einführung.* Springer, Berlin, 1997.

[67] T. Kohonen. Automatic formation of topological maps of patterns in a self–organizing system. In E. Oja, O. Simula (Hrsg.) *Scandinavian Conference on Image Analysis*, Seite 214–220, Helsinki, 1981.

[68] T. Kohonen. Learning vector quantization. *Neural Networks*, 1:303, 1988.

[69] T. Kohonen. Improved versions of learning vector quantization. In *International Joint Conference on Neural Networks*, Band 1, Seite 545–550, San Diego, Juni 1990.

[70] T. Kohonen. *Self–Organizing Maps.* Springer, Berlin, 1995.

[71] B. Kosko. *Fuzzy Control and Fuzzy Systems.* Prentice Hall, Englewood Cliffs, 1993.

[72] P. Kotler. *Grundlagen des Marketing.* Prentice Hall, New York, 1999.

[73] D. Krahl, U. Windheuser, F.-K. Zick. *Data Mining: Einsatz in der Praxis.* Addison Wesley Longman, Bonn, 1998.

[74] D. H. Krantz, R. D. Luce, P. Suppes, A. Tversky. *Foundations of Measurement*. Academic Press, San Diego, 1971.

[75] R. Krishnapuram, J. M. Keller. A possibilistic approach to clustering. *IEEE Transactions on Fuzzy Systems*, 1(2):98–110, Mai 1993.

[76] R. Kruse, J. Gebhardt, and F. Klawonn. *Foundations of Fuzzy Systems*. Wiley, New York, 1994.

[77] R. Kruse, K. D. Meyer. *Statistics with Vague Data*. Reidel, Dordrecht, 1987.

[78] R. Lapierre, G. Steierwald. *Verkehrsleittechnik für den Straßenverkehr, Band 1, Grundlagen und Technologien der Verkehrsleittechnik*. Springer, Berlin, 1987.

[79] W. Leutzbach. *Einführung in die Theorie des Verkehrsflusses*. Springer, Berlin, 1972.

[80] V. I. Levenshtein. Binary codes capable of correcting deletions, insertions and reversals. *Sov. Phys. Dokl.*, 6:705–710, 1966.

[81] E. H. Mamdani, S. Assilian. An experiment in linguistic synthesis with a fuzzy logic controller. *International Journal of Man–Machine Studies*, 7(1):1–13, 1975.

[82] I. Man, I. Gath. Detection and separation of ring–shaped clusters using fuzzy clustering. *IEEE Transactions on Pattern Analysis and Machine Intelligence*, 16:855–861, 1994.

[83] B. B. Mandelbrot. *The Fractal Geometry of Nature*. Freeman, San Francisco, 1982.

[84] F. Marir, I. Watson. Case based reasoning: A categorised bibliography. *Knowledge Engineering Review*, 9(3), 1994.

[85] T. M. Martinetz. Competitive Hebbian learning rule forms perfectly topology preserving maps. In *International Conference on Artificial Neural Networks*, Seite 427–434, Amsterdam, 1993. Springer.

[86] T. M. Martinetz, S. G. Berkovich, K. J. Schulten. Neural-gas network for vector quantization and its application to time-series prediction. *IEEE Transactions on Neural Networks*, 4(4):558–569, 1993.

[87] T. M. Martinetz, K. J. Schulten. A "neural-gas" network learns topologies. In T. Kohonen, K. Mäkisara, O. Simula, J. Kangas (Hrsg.) *Artificial Neural Networks*, Seite 397–402. North Holland, Amsterdam, 1991.

[88] R. Mattison, B. Kilger-Mattison. *Web Warehousing and Knowledge Management*. Enterprise Computing. McGraw-Hill, New York, 1999.

[89] A. D. May, H. Keller. Evaluation of single– and two–regime traffic flow models. In *Straßenbau und Straßenverkehrstechnik*, Band 1969, Seite 37–47. Bundesministerium für Verkehr, Bonn, 1968.

[90] H. Meffert. *Marketing*. Gabler, Wiesbaden, 1997.

[91] A. Meier. *Relationale Datenbanken. Eine Einführung für die Praxis*. Springer, Berlin, 1998.

[92] P. Miller, S. Astley. Classification of breast tissue by texture analysis. *Image and Vision Computing*, 10:277–283, 1992.

[93] G. Nakheizadeh. *Data Mining: Theoretische Aspekte und Anwendungen*. Physika–Verlag, Heidelberg, 1998.

[94] D. Nauck, F. Klawonn, and R. Kruse. *Foundations of Neuro–Fuzzy Systems*. Wiley, Chichester, 1997.

[95] H. T. Nguyen, M. Sugeno, R. Tong, R. R. Yager. *Theoretical Aspects of Fuzzy Control*. Wiley, New York, 1995.

[96] C. Otte, P. Jensch. A fuzzy vector quantization algorithm. In *European Congress on Intelligent Techniques and Soft Computing*, Seite 1370–1374, Aachen, September 1998.

[97] N. R. Pal, K. Pal, J. C. Bezdek, T. A. Runkler. Some issues in system identification using clustering. In *IEEE International Conference on Neural Networks*, Seite 2524–2529, Houston, Juni 1997.

[98] R. Palm, D. Driankov. Fuzzy inputs. *Fuzzy Sets and Systems*, 70(2):315–335, 1995.

[99] K. A. Parulski. Digital photography. In R. Jurgen (Hrsg.) *Digital Consumer Electronic Handbook*, Kapitel 21. McGraw–Hill, 1997.

[100] W. Pedrycz. *Fuzzy Control and Fuzzy Systems*. Wiley, New York, 2. Auflage, 1993.

[101] W. B. Pennebaker, J. L. Mitchell. *JPEG: Still Image Compression Standard*. Van Nostrand Reinhold, New York, 1973.

[102] M. J. D. Powell. Radial basis functions for multi–variable interpolation: a review. In *IMA Conference on Algorithms for Approximation of Functions and Data*, Seite 143–167, Shrivenham, 1985.

[103] M. J. D. Powell, A. Iserles. *Approximation Theory and Optimization*. Cambridge University Press, 1998.

[104] C. E. Priebe, J. L. Solka, R. A. Lorey, G. W. Rogers, W. L. Poston, M. Kallergi, W. Qian, L. P. Clarke, R. A. Clark. The application of fractal analysis to mammographic tissue classification. *Cancer Letters*, 77:183–189, 1993.

[105] J. R. Quinlan. Induction on decision trees. *Machine Learning*, 11:81–106, 1986.

[106] J. R. Quinlan. *C4.5: Programs for Machine Learning*. Morgan Kaufmann, San Francisco, 1993.

[107] T. W. Rauber. *Inductive Pattern Classification, Methods — Features — Sensors*. Dissertation, Universidade Nova de Lisboa, Faculdade de Ciências e Tecnologia, 1994.

[108] T. W. Rauber, M. M. Barata, A. S. Steiger-Garção. A toolbox for analysis and visualization of sensor data in supervision. In *Tooldiag International Conference on Fault Diagnosis*, Toulouse, 1993.

[109] H. J. Ritter, T. M. Martinetz, K. J. Schulten. *Neuronale Netze*. Addison-Wesley, München, 1991.

[110] A. Rosenfeld, A. C. Kak. *Digital Picture Processing*. Academic Press, Boston, 1982.

[111] P. J. Rousseeuw, A. M. Leroy. *Robust Regression and Outlier Detection*. Wiley, New York, 1987.

[112] D. E. Rumelhart, G. E. Hinton, R. J. Williams. Learning internal representations by error backpropagation. In D. E. Rumelhart, J. L. McClelland (Hrsg.) *Parallel Distributed Processing. Explorations in the Microstructure of Cognition*, Band 1, Seite 318–362. MIT Press, Cambridge, 1986.

[113] T. A. Runkler. *Automatische Selektion signifikanter scharfer Werte in unscharfen regelbasierten Systemen der Informations- und Automatisierungstechnik*. Nummer 417 in Reihe 10 (Informatik / Kommunikationstechnik). VDI-Verlag, Düsseldorf, 1996.

[114] T. A. Runkler. Extended defuzzification methods and their properties. In *IEEE International Conference on Fuzzy Systems*, Seite 694–700, New Orleans, September 1996.

[115] T. A. Runkler. Selection of appropriate defuzzification methods using application specific properties. *IEEE Transactions on Fuzzy Systems*, 5(1):72–79, 1997.

[116] T. A. Runkler. Automatic generation of first order Takagi–Sugeno systems using fuzzy c–elliptotypes clustering. *Journal of Intelligent and Fuzzy Systems*, 6(4):435–445, 1998.

[117] T. A. Runkler. Cluster analysis and data mining applications. In *European Congress on Intelligent Techniques and Soft Computing*, Sitzung AB 2, Seite 1–4, Aachen, September 1999.

[118] T. A. Runkler. Probabilistische und Fuzzy–Methoden für die Clusterana-lyse. In R. Seising (Hrsg.) *Fuzzy Theorie und Stochastik — Modelle und Anwendungen in der Diskussion*, Computational Intelligence, Kapitel 16, Seite 355–369. Vieweg, Wiesbaden, 1999.

[119] T. A. Runkler, J. C. Bezdek. Image segmentation using fuzzy clustering with fractal features. In *IEEE International Conference on Fuzzy Systems*, Band 3, Seite 1393–1398, Barcelona, Juli 1997.

[120] T. A. Runkler, J. C. Bezdek. Living clusters: An application of the El Farol algorithm to the fuzzy c–means model. In *European Congress on Intelligent Techniques and Soft Computing*, Seite 1678–1682, Aachen, September 1997.

[121] T. A. Runkler, J. C. Bezdek. Polynomial membership functions for smooth first order Takagi–Sugeno systems. In A. Grauel, W. Becker, F. Belli (Hrsg.) *Fuzzy–Neuro–Systeme '97, Soest*, Band 5 der *Proceedings in Artificial Intelligence*, Seite 382–388, März 1997.

[122] T. A. Runkler, J. C. Bezdek. RACE: Relational alternating cluster estimation and the wedding table problem. In W. Brauer (Hrsg.) *Fuzzy–Neuro–Systems '98, München*, Band 7 der *Proceedings in Artificial Intelligence*, Seite 330–337, März 1998.

[123] T. A. Runkler, J. C. Bezdek. Regular alternating cluster estimation. In *European Congress on Intelligent Techniques and Soft Computing*, Seite 1355–1359, Aachen, September 1998.

[124] T. A. Runkler, J. C. Bezdek. Alternating cluster estimation: A new tool for clustering and function approximation. *IEEE Transactions on Fuzzy Systems*, 7(4):377–393, August 1999.

[125] T. A. Runkler, J. C. Bezdek. Function approximation with polynomial membership functions and alternating cluster estimation. *Fuzzy Sets and Systems*, 101(2):207–218, 1999.

[126] T. A. Runkler, J. C. Bezdek. Automatic keyword extraction with relational clustering and Levenshtein distances. In *IEEE International Conference on Fuzzy Systems*, San Antonio, Mai 2000.

[127] T. A. Runkler, E. Gerstorfer, E. Jünnemann, K. Villforth. Data compression and soft sensors in the pulp and paper industry. In *European Control Conference '99, Karlsruhe*, Sitzung CM–2, Seite 1–5, August 1999.

[128] T. A. Runkler, M. Glesner. Multidimensional defuzzification — fast algorithms for the determination of crisp characteristic subsets. In *ACM Symposium on Applied Computing (SAC'95)*, Nashville, Februar 1995. ACM Press.

[129] T. A. Runkler, J. Hollatz, H. Furumoto, E. Jünnemann, K. Villforth. Compression of industrial process data using fast alternating cluster estimation (FACE). In *GI Jahrestagung Informatik (Workshop Data Mining)*, Seite 71–80, Magdeburg, September 1998.

[130] T. A. Runkler, R. H. Palm. Identification of nonlinear systems using regular fuzzy c–elliptotype clustering. In *IEEE International Conference on Fuzzy Systems*, Seite 1026–1030, New Orleans, September 1996.

[131] T. A. Runkler, S. Roychowdhury. Generating decision trees and membership functions by fuzzy clustering. In *European Congress on Intelligent Techniques and Soft Computing*, Sitzung AB 2, Seite 1–5, Aachen, September 1999.

[132] T. A. Runkler, M. Sturm, H. Hellendoorn. Model based sensor fusion with fuzzy clustering. In *IEEE International Conference on Fuzzy Systems*, Seite 1377–1382, Anchorage, Mai 1998.

[133] J. W. Sammon. A nonlinear mapping for data structure analysis. *IEEE Transactions on Computers*, C-18(5):401–409, 1969.

[134] J. Sander, M. Ester, H.-P. Kriegel, X. Xu. Density-based clustering in spatial databases: The algorithm GDBSCAN and its applications. *Data Mining and Knowledge Discovery*, 2(2):169–194, 1998.

[135] H. Sauer. *Relationale Datenbanken. Theorie und Praxis*. Addison–Wesley, München, 1998.

[136] A. Scharf, B. Schubert. *Marketing*. Uni–Taschenbücher, Stuttgart, 1997.

[137] M. Schlang, B. Feldkeller, B. Lang, T. Poppe, T. Runkler. Neural computation in steel industry. In *European Control Conference '99, Karlsruhe*, Sitzung BP-1, Seite 1–6, August 1999.

[138] J. Schürmann. *Pattern Classification — A Unified View of Statistical and Neural Approaches*. Wiley, New York, 1996.

[139] C. A. Schweiger, J. B. Rudd. Prediction and control of paper machine parameters using adaptive technologies in process modeling. *Tappi Journal*, 77(11):201–208, 1994.

[140] B. Schweizer, A. Sklar. Associative functions and statistical triangle inequalities. *Publicationes Mathematicae*, 8:169–186, 1961.

[141] R. Seising. *Fuzzy Theorie und Stochastik — Modelle und Anwendungen in der Diskussion*. Computational Intelligence. Vieweg, Wiesbaden, 1999.

[142] C. Stutz. *Anwendungsspezifische Fuzzy-Clustermethoden*. Dissertation, Technische Universität München, Fachbereich Informatik, 1999.

[143] C. Stutz, T. A. Runkler. Fuzzy c–mixed prototype clustering. In W. Brauer (Hrsg.) *Fuzzy–Neuro–Systems '98, München*, Band 7 der *Proceedings in Artificial Intelligence*, Seite 122–129, März 1998.

[144] M. Sugeno, T. Yasukawa. A fuzzy–logic–based approach to qualitative modeling. *IEEE Transactions on Fuzzy Systems*, 1(1):7–31, Februar 1993.

[145] T. Takagi, M. Sugeno. Fuzzy identification of systems and its application to modeling and control. *IEEE Transactions on Systems, Man, and Cybernetics*, 15(1):116–132, 1985.

[146] H. Tanaka, T. Okuda, K. Asai. Fuzzy information and decision in statistical model. In M. M. Gupta, R. K. Ragade, R. R. Yager (Hrsg.) *Advances in Fuzzy Sets Theory and Applications*, Seite 303–320. North Holland, Amsterdam, 1979.

[147] B. M. Thuraisingham. *Data Mining: Technologies, Techniques, Tools, Trends.* CRC Press, Boca Raton, 1999.

[148] F. Tomita, S. Tsuji. *Computer Analysis of Visual Textures.* Kluwer, Norwell, 1990.

[149] W. S. Torgerson. *Theory and Methods of Scaling.* Wiley, New York, 1958.

[150] V. Tresp, S. Ahmad, R. Neuneier. Training neural networks with deficient data. In J. D. Cowan, G. Tesauro, J. Alspector (Hrsg.) *Advances in Neural Information Processing Systems*, Band 6, Seite 128–135, 1994.

[151] V. Tresp, J. Hollatz, S. Ahmad. Network stucturing and training using rule–based knowledge. In S. J. Hanson, J. D. Cowan, C. L. Giles (Hrsg.) *Advances in Neural Information Processing Systems*, Band 5, Seite 871–878, 1993.

[152] J. W. Tukey. *Exploratory Data Analysis.* Addison Wesley, Reading, 1987.

[153] R. Viertl. Is it necessary to develop a fuzzy Bayesian inference? In *Probability and Bayesian Statistics*, Seite 471–475. Plenum Press, New York, 1987.

[154] T. Waschek, T. A. Runkler, S. Levegrün, R. Egenhart, M. Glesner, W. Schlegel, M. van Kampen. Application of the subset defuzzification to fuzzy target volumes in radiotherapy. In *European Congress on Intelligent Techniques and Soft Computing*, Seite 1643–1647, Aachen, August 1995.

[155] G. Weiss. *Multi Agent Systems.* MIT Press, London, 1999.

[156] S. M. Weiss, N. Indurkhyaa. *Predictive Data Mining.* Morgan Kaufmann, San Francisco, 1997.

[157] D. J. Willshaw, C. von der Malsburg. How patterned neural connections can be set up by self-organization. *Proceedings of the Royal Society London*, B194:431–445, 1976.

[158] M. P. Windham. Cluster validity for the fuzzy c–means clustering algorithm. *IEEE Transactions on Pattern Analysis and Machine Intelligence*, PAMI-4(4):357–363, Juli 1982.

[159] O. Wolkenhauer. *Possibility Theory with Applications to Data Analysis*. Wiley, New York, 1998.

[160] M. Woolridge, N. R. Jennings. Agent theories, architectures, and languages: A survey. In *ECAI-94 Workshop on Agent Theories, Architectures, and Languages*, Seite 1–32, Amsterdam, August 1994. Springer.

[161] X. Xu, M. Ester, H.-P. Kriegel, J. Sander. A distribution–based clustering algorithm for mining in large spatial databases. In *International Conference on Data Engineering*, Seite 324–331, Orlando, 1998.

[162] L. A. Zadeh. Fuzzy sets. *Information and Control*, 8:338–353, 1965.

Index

Das Standardwerk zur Marketinginformatik

Hajo Hippner, Matthias Meyer, Klaus Wilde (Hrsg.)

Computer Based Marketing

Das Handbuch zur Marketinginformatik

2. Aufl. 1999. XIV, 736 S. mit 150 Abb.
(Business Computing) Geb. DM 198,00
ISBN 3-528-15586-8

Inhalt: Wettbewerbsvorteile durch Computereinsatz im Marketing - Computerunterstützung in allen Bereichen des Marketing-Mix - Vorstellung branchenspezifischer und branchenübergreifender Anwendungen - Konkrete Marketing-Anwendungen aus den Bereichen Automobil, Banken und Versicherungen, Handel, Pharma, Telekommunikation, etc. - Einsatzmöglichkeiten von Verfahren der multivariaten Statistik und des Softcomputing - Potentiale des Internet im Marketingbereich - Kurzportraits und Forschungsgebiete der beteiligten Lehrstühle

Ein konsequentes und computergestütztes Marketing entwickelt sich mehr und mehr zu einem entscheidenden Wettbewerbsfaktor. Mit dieser Erkenntnis vermittelt das Standardwerk zur Marketinginformatik in 2. Auflage umfassend und übersichtlich zielführende Informationen. Dazu werden die neuesten Erkenntnisse aus den unterschiedlichsten Teilbereichen der Marketinginformatik anschaulich anhand konkreter Projekte beschrieben und Anwendungspotentiale im Marketing aufgezeigt. Ein „Muss" für jeden innovativ ausgerichteten Entscheidungsträger im Marketing.

Abraham-Lincoln-Straße 46
D-65189 Wiesbaden
Fax 0611. 78 78-400
www.vieweg.de

Stand 1.3.2000. Änderungen vorbehalten.
Erhältlich im Buchhandel oder beim Verlag.